여자의 입맛

# 요리하는 남자

예신 Books

# 머리말

레스토랑이나 식당에서 돈을 내고 요리를 사먹기도 하지만, 아마 대부분 사람들은 집에서 식사를 할 것이다. 그리고 그 음식을 만드는 사람들은 거의 여자, 아내, 엄마이다.

하지만 이제는 요리를 잘하는 남자가 대세다. TV에는 요리 프로그램이 넘치고, 예능 프로그램에서도 요리를 주제로 게임을 하기도 한다. 가히 '쿡방' 전성시대라고 할 수 있다. 그 수많은 '쿡방'에 나오는 스타 요리사들은 대부분이 남자다. 투박한 손으로 섬세하게 만들어내는 요리가 감탄을 자아낸다.

그래서 이 책에서는 보통 남자들도 쉽게 따라할 수 있는 레시피들을 소개하고자 한다. 여자들이 지금까지 그래왔던 것처럼 남자들도 가족의 건강을 생각하면서 맛있고 예쁜 레스토랑 요리를 차려낼 수 있게 도움을 주려 한다.

또한 요리들에 어울리는 다양한 와인들을 추천하였다. 스파클링 와인, 레드 와인(신세계와 구세계), 화이트 와인, 로제·스위트 와인 등으로 구분하여 소개하였으며, 그에 따른 디저트도 수록하였다.

이 책에 수록된 레시피에 따라 요리를 해보는 것이 아마도 대부분의 남성들에게는 어색하고 서툴 수도 있겠지만 요리의 재료를 만져 보고 맛을 보다 보면 이내 뿌듯한 감정이 생길 것으로 확신한다.

'요리하는 남자'의 유행이 한순간에 그치지 않고 쭉 이어지길 바라며, 요리는 여자가 한다는 인식 없이 모든 사람들이 함께 만들고 즐길 수 있게 되었으면 좋겠다.

안충훈(rpain@naver.com)

CONTENTS

# 블루베리 치즈 감자칩

## 재료 (2인분)

감자 1개
식용유 500mL
크림치즈 100g
블루베리 50g
휘핑크림 50mL
꿀 2큰술
그린 올리브 1개

## 만들기

1 감자는 껍질을 까서 흐르는 물에 씻은 후 얇게 슬라이스한다. 슬라이스한 감자를 30분 동안 찬물에 담가 둔다.

2 1을 체에 밭쳐 물기를 털어 내고 키친타월로 물을 제거한 후 160℃ 기름에 튀겨 준비한다.

3 스테인리스 믹싱볼에 휘핑크림을 붓고 거품기로 쳐서 거품을 만든다.

4 또다른 볼에 크림치즈와 블루베리, 꿀을 숟가락으로 저어서 골고루 섞어준다.

5 거품을 낸 휘핑크림과 블루베리 크림치즈를 거품기로 골고루 섞어 준비한다.

6 튀겨낸 감자칩에 5를 스푼으로 떠서 올린다.

7 6과 같이 겹겹이 쌓은 후에 마지막에 그린 올리브를 올려 완성한다.

## 요리 & 디저트/와인

생과일주스

단맛 ♥♥♥♡♡
신맛 ♥♥♥♡♡
쓴맛 ♥♥♥♡♡
바디 ♥♡♡♡♡

**추천 와인 : 헨켈 트록켄 (henkell trocken)**

이 와인은 독일산이며, 샤르도네와 삐노누아, 슈넹블랑으로 만들어진 상큼함이 강한 연녹색의 스파클링 와인이다. 레몬, 복숭아, 자몽 맛이 나며 보통은 기포를 얻기 위한 2차 발효를 병입하여 만드는데 헨켈 트록켄은 대형 탱크에서 2차 발효를 하여 대량 생산을 하는 샤르마 방식(methode charmat)으로 하여 대중적인 가격으로 친숙함을 주고 있다.

# 바게트 피자

**재료** (2인분)

바게트 1/3개
닭다리살 200g
양파 1/4개
표고버섯 1개
유자청 50g
청양고추 1개
식용유 200mL
피자치즈 50g
소금 약간

**만들기**

1 닭다리살은 껍질을 벗기고 살만 1cm 크기의 주사위 모양으로 썬다.

2 청양고추는 다지고, 양파와 표고버섯은 1cm 크기의 주사위 모양으로 썬다.

3 가열된 프라이팬에 식용유를 두르고 닭다리살을 넣어 소금으로 밑간한 후 완전히 익도록 볶는다.

4 양파와 표고버섯도 프라이팬에 닭다리살과 함께 넣어 살짝 볶는다.

5 볶은 채소와 닭다리살은 키친타월에 밭쳐 기름기를 제거하고 식혀 준비한다.

6 바게트는 적당한 크기로 자른 다음 유자청을 골고루 바른 후 다진 청양고추를 뿌린다.

7 유자청 바른 바게트 위에 **5**를 올린 다음 피자치즈를 골고루 뿌린다.

8 예열된 오븐(미니오븐)에 넣어 노릇하게 구우면 완성된다.

**요리 &**
**디저트/와인**

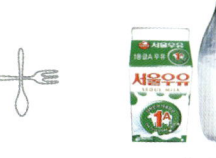

우유

단맛 ♥♥♥♡♡
신맛 ♥♥♥♡♡
쓴맛 ♥♡♡♡♡
바디 ♥♡♡♡♡

**추천 와인 : 프레시넷 코든 니그로** (freixenet cordon negro)

이 와인은 스페인 산이며, 카탈루니아 출신의 파렐라다 40%, 마케베오 35%, 체렐로 25%가 블렌딩되어 있다. 연두색의 노란빛을 띠고 있으며, 레몬과 사과 맛이 난다. 버블의 탄력과 입 안을 상쾌하게 해주는 신맛의 깔끔함으로 매력이 넘치는 스파클링 와인이다. 코든 니그로는 검은 리본이란 뜻을 지니고 있다.

# 말린 오렌지 카나페

## 재료 (2인분)

오렌지 1개
호두(껍질 깐 것) 100g
잣 50g
아몬드 50g
꿀 30mL
땅콩가루 2큰술
호박씨 20g
레드와인 50mL
애플민트 1줄기

## 만들기

1 오렌지는 흐르는 물에 씻은 다음 마른 타월로 물기를 닦는다.

2 오렌지의 양쪽 끝부분은 잘라 버리고 얇게 6장을 슬라이스한다.

3 오렌지에 꿀을 살짝 발라 200℃ 오븐에 구워 꿀이 오렌지에 흡수되면 식혀 놓는다.

4 프라이팬에 레드와인을 붓고 반으로 졸인 후 꿀을 넣어 섞는다.

5 4에 땅콩가루를 제외한 나머지 견과(호두, 잣, 아몬드, 호박씨)를 넣어 졸여가며 저어주고 거의 졸여졌을 때 접시에 덜어 낸다.

6 견과를 스푼으로 조금씩 덜어 3의 오렌지 위에 올려 식힌다.

7 식은 견과 위에 땅콩가루를 뿌린 후 애플민트로 장식하여 완성한다.

### 카나페

서양시 전체요리로 빵류를 한입 크기로 잘라 위에 여러 가지 재료를 이용하여 만든 것이다.

## 요리 & 디저트/와인

커 피

| | | | | |
|---|---|---|---|---|
| 단맛 | ♥ | ♡ | ♡ | ♡ |
| 신맛 | ♥ | ♥ | ♥ | ♡ |
| 쓴맛 | ♥ | ♡ | ♡ | ♡ |
| 바디 | ♥ | ♥ | ♥ | ♡ |

추천 와인 : **뵈브 끌리꼬 옐로우 라벨** (veuve clicquot yellow label)

이 와인은 프랑스산이며, 샹파뉴-랭스 지역에서 탄생하였다. 황금빛이 나는 노란색을 띠고 있으며, 멜론, 아카시아, 복숭아의 아로마가 토스트, 바닐라, 브리오슈의 고소함과 달콤함을 배가시킨다. 이 와인은 우리나라에선 매우 트렌디한 샴페인이다.

# 라이스 페퍼롤(월남쌈)

## 재료 (2인분)

월남쌈 6장
크래미(게살) 120g
깻잎 1묶음
아보카도 1/4개
망고 1/4개
빨강 파프리카 1개
피시 소스 40mL
유자청 20g
청양고추 2개
따뜻한 물 40mL

## 만들기

1 크래미는 잘게 찢어 준비한다.

2 빨강 파프리카와 깻잎은 흐르는 물에 깨끗이 씻은 후 물기를 빼고 잘게 채썰어 준비한다.

3 망고는 껍질을 깐 다음 과육만 얇게 슬라이스하고, 아보카도는 껍질과 씨를 제거하고 얇게 슬라이스한다.

4 청양고추는 잘게 다져 유자청과 피시 소스를 섞어 소스를 준비한다.

5 냄비에 물을 500mL 가량 담고 중불로 물을 따뜻하게 준비한다.(60℃ 정도)

6 월남쌈을 60℃ 물에 1장씩 담가 흐물해지면 건져서 물을 어느 정도 뺀 다음 도마 위에 편다.

7 펼친 월남쌈 가운데에 크래미, 깻잎, 아보카도, 망고, 파프리카를 조금씩 덜어 넣고 아래부터 말아준다.

8 내용물을 월남쌈 밑자락부터 2번 정도 말아올린 후 옆부분도 가운데로 모으고 다시 끝까지 만다. 월남쌈을 6개 정도를 만들어 소스와 곁들여 낸다.

## 요리 & 디저트/와인

과일 에이드

단맛 ♥♥♥♡♡
신맛 ♥♥♥♡♡
쓴맛 ♥♡♡♡♡
바디 ♥♥♥♡♡

추천 와인 : 모에 & 샹동 (moet & chandon)

이 와인은 프랑스산이며, 샹파뉴 지역에서 생산되고 있다. 샤르도네, 삐노누아, 삐노므니에를 섞어 만들었으며, 엷은 노란색과 약한 초록색이 섞인 황녹색 빛깔을 띠고 있다. 맛이 상큼하고 신선하며, 세련된 버블이 입 안을 두드리듯 자극한다. 또한 아카시아 꿀, 레몬, 오렌지 아로마와 토스트향이 뒤끝에 남는다. 깊고 풍부한 맛을 느끼게 해 주는 스파클링 와인이다.

# 으깬 고구마와 토스트

샌드위치 식빵 2장
계란 2개와 우유 400ml
섞은 것
고구마 1개
꿀 50ml
휘핑크림 1스푼
버터 2스푼

만들기

1 샌드위치 빵은 누런 부분을 잘라내고 직삼각형으로 자른다.

2 계란과 우유를 잘 섞은 다음 샌드위치 빵을 앞뒤로 1분씩 적시고, 건재낸 후 체에 받쳐 계란물을 흐르게 한다.

3 프라이팬에 버터를 두르고 중불로 가열한 다음, 샌드위치 빵을 골고루 노릇하게 굽는다.

4 구운 샌드위치 빵을 팬 뚜껑이나 호일로 씌워 오븐(200℃)에 3분 동안 굽는다.

5 샌드위치 빵이 익을 시간에 찐 고구마를 체에 내려 휘핑크림과 섞어 준비한다.

6 샌드위치 빵을 오븐에서 꺼내어 접시에 담고 그 위에 고구마 매쉬를 올리고 꿀을 뿌려 완성한다.

토스트 식빵으로도 가능하나 샌드위치 식빵보다 밀도가 낮아 쉽게 찢어진다.

## Cooking Note

• 샌드위치 빵을 계란, 우유에 너무 오래 담가 두면 쉽게 찢어진다.
• 빵이 오븐에서 덜 구워지면 실온에서 얼마 안되어서 쭈그러든다.

 플러스

고구마는 다이어트 식품으로 많이 알려져 있는데, 고구마에 풍부한 식이섬유와 야라핀이라는 성분이 변을 무르게 하여 쾌변을 볼 수 있도록 한다. 단, 열량(100g당 130kcal)이 높기 때문에 설탕을 넣거나 과식하면 다이어트의 효과가 떨어진다.

# 해산물 청포묵

## 재료 (2인분)

**청포묵**

모시조개 5개
새우 2마리
냉동 쭈꾸미 3마리
청포묵 200g
오이 30g
베이비 야채 20g
망고 1/4개
김가루 1스푼
소이 드레싱 200ml

**소이 드레싱**

엑스트라 버진 올리브
오일 50ml
조개국물 50ml
진간장 3스푼
바질 2잎
배 1/4개
레몬즙 3스푼
설탕 2스푼

## 만들기

1 드레싱 재료를 믹서에 갈아서 소이 드레싱을 준비한다.

2 해산물은 뜨거운 물에 삶아서 실온에서 식힌다.

3 청포묵은 1.5cm 크기의 주사위 모양으로 썬 다음 뜨거운 물에 데치고 식힌다.

4 망고는 5mm 크기의 주사위 모양으로 썬다.

5 베이비 야채는 씻어서 체에 받쳐둔다.

6 접시에 청포묵, 오이, 해산물, 망고, 베이비 야채, 김가루 순으로 놓는다.

7 소이 드레싱을 주변에 뿌리면 완성된다.

새우

 **Cooking Note**

• 해산물을 삶을 때는 물에 소금을 넣어 간을 하고 레몬즙과 요리용 술을 넣으면 맛있게 삶아진다. 왜냐하면 해산물을 맹물로 삶으면 짠기가 빠져서 싱거워지기 때문이다.

 **플러스**

모시조개와 쭈꾸미에는 타우린 성분이 풍부하여 간의 해독 작용을 돕고 우리 몸의 피로 물질인 낙산을 제거하여 준다. 청포묵을 만드는 원료인 녹두에는 비타민 $B_6$, $B_1$, 나이아신, 엽산이 풍부하여 성장기 어린이에게 좋다. 또한 엽산은 임신하였을 때 태아를 성장시키는 좋은 성분이기도 하다.

# 해산물 쌀국수

**재료** (2인분)

쪽꾸미 2마리
새우 2마리
모시조개 3개
조개국물 100ml
쌀국수(3mm) 100g
청 · 홍피망 1/4개씩
숙주 50g
엑스트라 버진 올리브
오일 2스푼
요리용 술 1스푼
바질 2잎

쌀국수는 베트남에서 많이
먹는 면으로 우리나라에서
도 요즘 많이 사랑받고 있
다. 칼로리가 밀가루에 비
해 적기 때문에 여성분들
이나 비만인 사람에게 좋
기 때문이다.

**만들기**

1  쌀국수는 물에 4시간 동안 불려 놓는다.

2  청피망, 홍피망은 얇게 채를 썬다.

3  달궈진 프라이팬에 엑스트라 버진 올리브 오일(또는 식용 유)을 두르고 해산물을 넣고 볶는다.

4  요리용 술을 넣어 잡냄새를 없앤다.

5  야채를 넣고 볶다가 불린 쌀국수를 넣는다.

6  조개국물과 바질을 넣는다.

7  볶다가 쌀국수가 다 익었는지 확인하고 마지막으로 엑스트라 버진 올리브 오일을 넣는다. 만약 싱거우면 소금 간을 한다.

8  파스타 볼에 모양내어 담으면 완성된다.

쌀국수

## Cooking Note

**조개국물 끓이기**
• 냄비에 조개 10개와 조개가 잠길 정도로 물을 붓고 바질잎 3장, 대파 흰부분 1줄기, 요리용 술 1스푼, 간 마늘 1/2스푼을 넣고 2~3분 가량 약불로 끓인 후 거즈에 걸러서 완성한다.

 **플러스**

엑스트라 버진 올리브 오일은 최상급의 올리브 오일로서 단일 불포화 지방과 비타민 E, 폴리페놀이 많아 심장에 좋고 모발 건강과 아이같은 피부 유지, 염증 완화에도 도움을 주므로 하루에 한두 스푼의 양을 먹으면 좋다.

# 올리브 오일 이야기

그리스, 스페인, 이탈리아 등지에서 생산되는 올리브는 익기 시작할 때는 녹색이었다가 완전하게 익으면 검은색으로 변한다. 그린 올리브는 유분 함량이 많아서 압착시켜 오일을 빼낸다.

올리브 오일은 빛과 열에는 약하므로, 어두운 선반이나 검은병에 보관하는 것이 좋으며 주석병에 보관하는 것도 좋다. 와인처럼 서늘한 곳에 오래 보관하는 것은 좋지 않다.

올리브 오일의 종류에 따른 등급에 대해 알아보자.

## 유기농 버진 올리브 오일( organic vergin olive oil )

유기농이란 일체 화학비료를 사용하지 않고 농작물을 재배하는 것을 말하는데, 올리브를 재배 과정에서부터 자연 친화적으로 재배하여 1차 압착에 의하여 최상 등급의 오일로 인정받아 샐러드 및 소스에 적합하지만 양이 극히 적어서 비싸다.

## 엑스트라 버진 올리브 오일( extra vergin olive oil )

상등급 오일로서 맛과 향이 좋은 대신 비싸며 샐러드나 소스에 적합하다. 엑스트라 올리브 오일은 일반적인 올리브 과육에 1차 압착의 공정을 거쳐서 바로 얻어진 것이다. 100g의 오일 중 1g 미만의 지방산을 함유하고 있다. 이탈리아 파스타에 많이 사용하고 있다.

### 버진 올리브 오일( vergin oive oil )

엑스트라 버진 올리브 오일을 착즙하고 난 후의 중등급 오일로 엑스트라 버진 올리브 오일과 동등하며 100g의 올리브 오일 중 5g 미만의 지방산을 함유하고 있다. 일반적으로 올리브 오일이라 통칭하는 것은 정제된 올리브 오일과 버진 올리브 오일을 블렌딩한 것을 말한다.

### 올디너리 올리브 오일( ordinary olive oil )

향이 좋지 않은 올리브 오일을 압착하고 화학적 방법으로 가공하여 만들어진 오일이다. 3% 미만의 지방산이 포함된 올디너리 오일은 튀김용에 적합하다.

### 퓨어 올리브 오일( pure olive oil )

레스도링에서 일반직으로 많이 사용하는 것이 퓨어 올리브 오일과 포마스 올리브 오일이다. 퓨어 올리브 오일은 버진 올리브 오일을 착즙하고 정제 공정을 거친 후 얻어지는 중등급의 오일로서 맛과 향이 엑스트라 버진 올리브 오일보다 떨어지지만 볶음이나 샐러드, 소스에 많이 사용된다.

### 포마스 올리브 오일( olive oil )

올리브 오일을 압착하고 남은 원유에서 추출한 오일을 정제하여 엑스트라 버진을 10~15%를 섞은 것으로 볶음, 조림, 튀김, 부침류에 널리 쓰인다. 우리나라 음식에 두루두루 어울리며 일반 식용유보다 비타민과 토코페롤이 풍부한 올리브 오일을 많이 사용하는 것이 좋다.

# 바질 크림 전복 해삼

## 재료 (2인분)

전복 1개
작은 해삼 1/2개
양상추 1장
휘핑크림 100mL
바질 5장
레몬 1/2개
식용꽃 1개

## 만들기

1. 전복은 신선한 것으로 골라 소금물에 문질러 씻고, 내장과 주둥이를 제거한다.

2. 해삼은 신선한 것으로 골라 칼로 살짝 배를 갈라서 내장을 빼낸 다음 얇게 채썬다.

3. 바질은 얇게 채썰어 스테인리스 볼에 담고 레몬즙을 짜 놓는다.

4. **3**의 스테인리스 볼에 있는 재료와 휘핑크림을 섞어 거품기로 거품을 만든다.

5. **4**의 거품낸 휘핑크림을 짜주머니에 넣고 칵테일 잔에 모양 내어 담은 다음 냉동고에 3시간 가량 얼린다.

6. 3시간 가량 얼린 휘핑크림 위에 양상추를 깔고 가지런히 전복과 해삼을 얹는다.

7. 마지막으로 식용꽃으로 데커레이션하면 완성된다.

## 요리 & 디저트/와인

자몽

단맛 ♥♡♡♡♡
신맛 ♥♥♥♡♡
쓴맛 ♥♥♥♥♡
바디 ♥♥♥♥♥

**추천 와인 : 샤또 샤스 스플린 (chateau chasse spleen)**

이 와인은 프랑스산이며, 까베르네 소비뇽 75%, 메를로 20%, 쁘띠 베르도 7%가 블렌딩되었으며 그들이 자아내는 맛은 판타스틱하다. 퍼플 컬러가 진해 레드에 가까우며 캠프파이어 끝에 타는 스모크향과 후추맛, 블랙체리와 오크향, 부드러운 타닌이 혀를 감싸준다. 다채로운 부케와 아로마가 마지막 긴 여운의 끝맛을 장식하므로 세계 5대 샤또가 하나도 부럽지 않은 만족감을 갖게 된다.

# 비프 카르파치오

## 재료 (2인분)

안심 150g
레드와인 200mL
꿀 2작은술
통후추 5g
올리브오일 2큰술
베이비 채소 20g
소금 약간

### 카르파치오

이탈리아 요리로 생선이나 질 좋은 육류를 얇게 포 떠서 날로 먹는 음식이다.

## 만들기

1 통후추를 거칠게 으깬다.(도깨비 방망이나 병으로 굴려가면서 으깨면 된다.)

2 쇠고기는 덩어리째 소금과 통후추를 겉표면에 골고루 뿌린다.

3 프라이팬에 올리브오일을 뿌리고 불을 세게 켠 후 프라이팬이 달궈지면 쇠고기를 굴려가며 굽는다.

4 고기를 차가운 곳에서 빨리 식힌 후 랩으로 동그랗게 빈틈없이 만 다음 냉동고에서 얼린다.

5 레드와인을 소스팬에 붓고 1/3 정도로 졸인 후 꿀로 간을 한 다음 식힌다.

6 식은 레드와인 소스를 얇은 그릇에 부어 그릇채 얼린다.

7 베이비 채소를 차가운 물에 담갔다 건진 후 물기를 빼준다.

8 얼린 고기와 그릇을 냉동실에서 꺼내어 고기를 얇게 썰어 소스 위에 한 장씩 얹는다.

9 카르파치오를 그릇에 예쁘게 담은 다음 베이비 채소를 올리고 소스를 뿌리면 완성된다.

## 요리 & 디저트/와인

배

단맛 ♥♡♡♡♡
신맛 ♥♥♥♡♡
쓴맛 ♥♥♥♡♡
바디 ♥♥♥♡♡

추천 와인 : 루이자도 부르고뉴 삐노누아 (lovis jadot bourgogne pinot noir)

이 와인은 프랑스산이며, 굉장히 여성스러운 와인으로 밝은 루비 색깔을 띠고 있다. 어느 와인 전문가가 프랑스 부르고뉴의 삐노누아가 전형적인 여성스러운 와인이라고 평가한 칼럼이 기억난다. 첫맛은 허브향으로 시작되다가 끝맛은 바닐라향으로 마무리된다. 생강과 같이 톡 쏘는 향신료의 아로마와 딸기맛이 있으며 숙성이 잘 되었을 때는 수풀 속을 걷는 듯한 부케도 느낄 수 있다.

# 참치 타다끼

## 재료 (2인분)

블럭 참치 1개
베이비 채소 20g
청양고추 2개
홍고추 2개
레몬 1개
설탕 20g
땅콩 갈은 것 30g
간 마늘 1작은술
피시 소스 50mL
레몬주스 20mL

### 타다끼
날로 먹을 수 있는 생선
이나 육류를 겉만 살짝
구운 것을 말한다.

## 만들기

1 냉동된 블럭 참치를 접시에 담아 랩으로 싼 다음 실온에서 30분 정도 해동시킨다.

2 청양고추와 홍고추를 잘게 다진 다음 믹싱볼에 담는다.

3 간 땅콩, 설탕, 피시 소스, 간 마늘, 레몬즙과 레몬주스를 다져 놓은 고추와 섞어 소스를 만든다.

4 베이비 채소는 흐르는 물에 두 번 헹구어 체에 밭쳐 물기를 빼서 준비한다.

5 살짝 녹은 참치를 칼로 0.5cm 두께로 썬다.

6 접시에 베이비 채소를 담고 썰어 놓은 참치를 모양 내서 담는다.

7 만들어 놓은 소스를 참치에 곁들이면 완성된다.

## 요리 & 디저트/와인

아보카도

단맛 ♥♥♥♡♡
신맛 ♥♥♡♡♡
쓴맛 ♥♥♥♥♥
바디 ♥♥♥♥♥

### 추천 와인 : 샤또 딸보 (chateau talbot)

이 와인은 프랑스산으로, 굉장히 남성적이고 파워풀한 것이 특징이다. 프랑스 보르도 생 줄리앵 지방의 그랑퀴르 4등급이며 블랙베리, 바닐라와 오크향, 체리, 후추와 에스프레소의 진한 맛이 배어 있다. 까베르네 소비뇽 70%, 멜롯 25%, 까베르네 프랑 3%, 쁘띠 베르도 2%가 블렌딩된 와인이다.

# 큐브 안심 스테이크

## 재료 (1인분)

안심(스테이크용) 100g
흑통후추 10g
고추씨 5g
포트와인 100mL
꿀 1큰술
할라피뇨 50g
엑스트라 버진 올리브
오일 20mL
루꼴라 2줄기
에멘탈 치즈 2장
소금 약간

## 만들기

1 포트와인은 센불로 끓이다 알코올을 날리고 약불로 줄여 1/3로 졸여서 준비한다.

2 졸인 와인에 꿀을 넣고 맛과 농도를 맞춰 준비한다.

3 할라피뇨는 녹즙기에 짜서 즙을 준비한다.

4 흑통후추는 병으로 밀어서 잘게 부숴 놓는다.

5 스테이크용 안심을 3cm 크기의 주사위 모양으로 잘라 소금, 통후추 부순 것과 고추씨를 손으로 뿌려서 누른 후에 엑스트라 버진 올리브 오일을 뿌린다.

6 프라이팬에 안심을 볶은 후 에멘탈 치즈를 얹어 오븐에 치즈가 살짝 녹도록 굽는다.

7 루꼴라는 흐르는 물에 씻은 후 물기를 털어 내고 접시에 놓고 그 위에 고기를 얹는다.

8 할라피뇨 즙과 포트와인 소스는 조그만 볼에 담아 고기와 함께 곁들여 낸다.

## 요리 & 디저트/와인

채소 샐러드

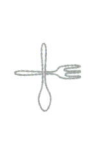

단맛 ♥♡♡♡♡
신맛 ♥♥♥♡♡
쓴맛 ♥♥♥♥♡
바디 ♥♥♥♥♡

**추천 와인 : 크로즈 에미르따쥐 레 잘레** (crozes hermitage les jalets)

이 와인은 프랑스산으로, 프랑스 북부 론 출신의 시라 100%로 만들어 묵직한 맛이 난다. 붉은 과실을 한입 가득 머금은 듯한 맛과 탄탄한 구조감이 제법 입 안에서 오래 머문다. 론의 와인은 고전적이고 섬세한 데 비해 부르고뉴와 보르도 와인의 그늘에 가려 빛을 보지 못하고 있다.

# 버섯 샐러드

### 재료 (1인분)

새송이버섯 2개
느타리버섯 3줄기
팽이버섯 1/2개
양파 1/4개
엑스트라 버진 올리브 오일 20mL
루꼴라 4잎
파마산 치즈가루 1작은술
화이트 와인 20mL
미니 파프리카 1개
소금, 후춧가루 약간씩

### 만들기

1 느타리버섯은 손으로 반을 찢고, 팽이버섯은 1cm 두께로 찢는다.

2 새송이버섯과 양파도 1cm 두께로 길게 자른다.

3 루꼴라는 흐르는 물에 씻어 물기를 빼둔다.

4 미니 파프리카는 링으로 슬라이스하여 준비한다.

5 센불에 프라이팬을 가열하다가 양파를 넣고 올리브 오일을 넣어 1분 정도 볶는다.

6 5에 버섯류를 함께 넣고 볶다가 와인을 넣고 소금, 후춧가루로 밑간을 한다.

7 루꼴라를 접시에 깔고, 볶아서 식힌 버섯을 그 위에 올린다.

8 버섯 위에 파마산 치즈가루를 골고루 뿌리고 미니 파프리카로 장식하면 완성된다.

요리 &
디저트/와인

견과류

단맛 ♥♥♥♡♡
신맛 ♥♥♥♡♡
쓴맛 ♥♥♥♡♡
바디 ♥♥♡♡♡

**추천 와인 : 샤또 말바 (chateau malbat)**

이 와인은 프랑스 보르도산이며, 잔에 와인을 따라 빛을 투과시켜 보면 루비색을 띠는 것을 알 수 있다. 과일과 초콜릿향이 코를 찌르고 드라이함이 입에서 잔잔히 따라온다. 끝맛은 별로 없지만 모든 음식을 뒷받침하려고 스스로를 잘 중화시키며 코르크, 오크향의 부케도 꽤 괜찮은 와인이다.

# 훈제연어와 크림치즈

재료 (2인분)

훈제연어 150g
무설탕 크래커 6개
크림치즈 100g
바질 3잎
레몬 1/4개
브랜디 20mL
흑통후추 10g

## 만들기

1 바질은 볼에 채썰어 담고 크림치즈를 넣은 후 반으로 자른 레몬의 즙을 짜서 섞어 준비한다.(레몬의 나머지 반은 장식할 때 사용한다.)

2 훈제연어는 3mm 두께로 넓게 슬라이스한 다음 브랜디를 뿌린 후 30분 정도 랩에 싸서 냉장고에 보관한다.

3 통후추는 병이나 방망이로 밀어 부숴 준비한다.

4 남은 레몬은 얇게 슬라이스하여 준비한다.

5 브랜디에 재운 훈제연어 1장을 도마 위에 펼치고 상하로 반을 접은 다음, 칼로 하단 부분 왼쪽부터 칼집을 낸다.

6 크래커 위에 1의 허브 크림치즈를 바르고 칼집을 낸 연어를 돌돌 말아 크림치즈 위에 세운다.

7 크래커에 세운 후 칼집 낸 부분을 손가락 끝으로 살살 꽃피듯이 펼치고 으깬 후추를 위에 솔솔 뿌린다.

8 마지막으로 레몬 슬라이스한 것으로 장식하여 완성한다.

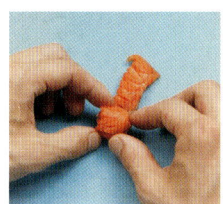

연어 칼집 내어 돌돌 말기

## 요리 & 디저트/와인

식빵

단맛 ♥♡♡♡♡
신맛 ♥♥♥♡♡
쓴맛 ♥♥♥♡♡
바디 ♥♥♥♡♡

**추천 와인 : 페블레 메르뀌레 (faiveley mercurey)**

이 와인은 프랑스산이며, 부르고뉴 전통 방식으로 오크통에 숙성시킨 와인이다. 부르고뉴의 삐노 누아 100%로 만들어졌으며, 밝지만 짙은 퍼플 컬러를 띠고 있다. 딸기, 체리향의 풍부한 과실맛이 입 안에 가득차 있으며, 강하면서 경쾌한 오크향이 살아 있어 신선한 느낌을 준다.

# 치즈 플레이트

## 재료 (2인분)

연근 슬라이스 4장
크래커(단맛이 없는) 4개
포테이토칩 4장
셀러리 1줄기
크림치즈 150g
휘핑크림 20mL
까망베르 1/2개
에멘탈 치즈 50g
식용꽃 1줄기

## 만들기

1 연근은 얇게 슬라이스하여 찬물에 30분간 담가 놓은 다음 물기를 뺀 뒤 170℃ 기름에 갈색이 나도록 튀긴다.

2 셀러리는 섬유질 껍질을 벗겨 3cm 크기로 준비한다.

3 에멘탈 치즈는 얇게 자르고, 까망베르는 한입 크기로 잘라 준비한다.

4 식용꽃은 잎사귀를 떼어 내서 준비한다.

5 포테이토칩과 셀러리에는 크림치즈를 짜서 놓고, 크래커에는 까망베르를 얹는다.

6 얇게 잘라 놓은 에멘탈 치즈는 접시에 모양 내어 놓는다.

7 떼어놓은 꽃잎들을 각각의 치즈에 한 잎씩 부쳐 놓으면 완성된다.

## 요리 & 디저트/와인

샌드위치

단맛 ♥♡♡♡♡
신맛 ♥♥♡♡♡
쓴맛 ♥♥♥♥♥
바디 ♥♥♥♥♥

### 추천 와인 : (이.기갈) 샤또 네프 뒤 파프 ((E.GUIGAL) chateau nuef du pape)

이 와인은 프랑스산이며, 맑고 투명한 검은색의 자두 빛깔을 띠고 있다. 푹익은 과실향이 스월링을 하지 않았는 데도 불구하고 내 앞까지 아로마가 전해진다. 그르나슈, 무르베르도, 시라를 섞어 만들었으며, 입 안에서 꽉차는 풀바디의 느낌과 골격이 있는 듯한 타닌이 부드럽기까지 하다. 또한 끝맛의 여운이 오래 남는 와인이다.

# 로제 소스와 성게알

**재료** (1인분)

토마토 소스 100mL
휘핑크림 20mL
표고버섯 2개
성게알(우니) 3알
바질 3장
엑스트라 버진 올리브
오일 10mL
호두 2개
화이트 와인 20mL
소금, 후춧가루 약간씩

**만들기**

1 성게알(우니)은 접시에 담아 화이트 와인을 뿌려 놓는다.

2 호두는 껍질을 벗겨서 칼로 거칠게 다져 준비한다.

3 표고버섯은 얇게 슬라이스하여 프라이팬에 엑스트라 버진 올리브 오일을 뿌려 볶는다.

4 토마토 소스(96쪽 참조)를 냄비에 넣고 따뜻하게 한 후 휘핑크림을 넣어 한번 더 끓이고, 소금과 후추로 간을 한다.

5 스푼을 이용하여 소스를 접시에 담고 볶은 표고버섯을 얹는다.

6 표고버섯 위에 성게알을 얹은 다음 바질 잎를 끼우듯이 걸쳐 장식한다.

7 2의 호두를 소스 주변에 흩뿌려 주면 완성된다.

## 요리 & 디저트/와인

바게트빵

난맛 ♥♡♡♡♡
신맛 ♥♥♥♡♡
쓴맛 ♥♥♥♥♥
바디 ♥♥♥♥♡

**추천 와인 : 샤또 라세귀** (chateau lassegue)

이 와인은 프랑스산이며, 보르도 생떼 밀리옹의 멜롯 50%, 까베르네 프랑 30%, 까베르네 소비뇽 20%로 만든 걸작이다. 짙은 루비 컬러의 자두, 블루베리, 체리, 까시스의 향과 스모크, 검은 후추, 계피향의 조화로 복합적인 부케가 치고 올라오지만 아이 피부처럼 부드러우며 장엄한 바디감이 훌륭하다. 하지만 2000년 이후 빈티지는 1990년대 빈티지에 비해 좀 떨어지는 경향이 있다.

# 과일을 감싼 햄

### 재료 (2인분)

슬라이스 햄 6장
멜론 1/4개
망고 1/2개
자몽 1/2개
플레인 요거트 1개
머스터드 1큰술
꿀 1큰술

### 만들기

1 멜론은 잘라서 속살만 파내고 두꺼운 껍질을 제거한 후 과육을 준비한다.

2 자몽은 껍질을 제거한 후 과육을 준비한다.

3 망고는 껍질을 제거한 후 씨를 피하여 과육만 도려낸 후 한입 크기로 자른다.

4 각각의 과일을 슬라이스 햄으로 감싼다.

5 플레인 요거트, 머스터드, 꿀을 골고루 잘 섞어 튜브에 담는다.

6 슬라이스 햄으로 감싼 과일을 접시에 담고 튜브에 담은 허니 머스터드 요거트를 뿌리면 완성된다.

## 요리 & 디저트/와인

요거트

난맛 ♥♡♡♡♡
신맛 ♥♥♡♡♡
쓴맛 ♥♥♥♥♡
바디 ♥♥♥♥♡

**추천 와인 : 블리스 데일 제너레이션 쉬라즈** (Bleasdale generation shiraz)

이 와인은 호주산이며, 붉은 자주빛 컬러를 띠고 있다. 신비함을 주는 검은색 병은 쉬라즈 특유의 스파이시함과 달리 잘 익은 자두같은 과일의 맛을 품고 있으며, 동시에 따라오는 탄닌이 부담스럽지 않게 작용한다. 하지만 쉬라즈 100%이기 때문에 오크향, 후추향이 있는 것은 당연하다. 바닐라, 초콜릿의 부케는 호주 특유의 쉬라즈를 느낄 수 있다.

# 바질향 완탕 수프

## 재료 (2인분)

치킨 육수 300mL
영양부추 10g
간 마늘 1작은술
완탕(딤섬 또는 작은 물
만두) 6개
바질 3잎
표고버섯 1개
양파 20g
베이컨 1/2장
소금, 후춧가루 약간씩

## 만들기

1 양파와 표고버섯은 얇게 슬라이스하여 준비한다.

2 베이컨은 1cm 두께로 자르고 프라이팬에 식용유 없이 약한 불에 바삭하게 볶은 후 키친타월에 담는다.

3 바질은 2장을 5mm 두께로 슬라이스하여 준비한다.

4 치킨 육수(97쪽 참조)를 냄비에 넣고 간 마늘, 완탕, 표고버섯, 양파, 영양부추, 베이컨을 넣고 끓인다.

5 끓으면 뜨는 거품을 제거하고 소금과 후춧가루로 간을 한 다음 불을 끈다.

6 수프를 수프볼에 담기 전에 바질을 넣어 휘휘 저은 다음 담아 완성한다.

## 요리 & 디저트/와인

식 빵

단맛 ♥♡♡♡♡
신맛 ♥♥♡♡♡
쓴맛 ♥♥♥♡♡
바디 ♥♥♥♥♡

**추천 와인 : 샤또 드 세겡 퀴베프레스티지** (*chateau de seguin cuvee prestige*)

이 와인은 프랑스 보르도산이며, 까베르네 소비뇽 50%, 멜롯 40%, 까베르네 프랑 10%를 블렌딩하여 만들어졌다. 깊은 루비 컬러를 띠고 있으며, 체리와 더불어 잘 익은 과일향의 아로마가 일품이다. 타닌의 강도가 높지만 부드럽게 느껴지며, 볶은 커피향과 오크향, 바닐라가 엷게 퍼져 은은한 맛이 매력적인 와인이다.

# 소고기 샤브 샐러드

### 재료 (2인분)

**소고기 샤브 샐러드**

양상추 1장
베이비 야채 50g
샤브용 쇠고기 100g
다진 호두 1스푼
된장 50g과 물 300ml
오렌지 주스 100ml
배 1/4개

**검은깨 드레싱**

간장 3스푼
검은깨 50g
물 200ml
땅콩 버터 2스푼
다진 마늘 1/2 티스푼

### 만들기

1 드레싱 재료를 믹서에 갈아 고운 체로 걸러 검은깨 드레싱을 만든다.
2 양상추는 얇게 채썬다.
3 베이비 야채는 찬물에 담가서 물기를 뺀다.
4 된장과 물은 냄비에 넣고 끓인다.
5 살짝 얼린 쇠고기는 얇게 슬라이스한다.
6 **4**에 고기를 넣고 익으면 오렌지 주스에 담가 식힌 후 건져낸다.
7 배는 곱게 채썬다.
8 그릇에 야채를 담고 샤브 쇠고기와 배를 올린 다음 다진 호두를 뿌린다.
9 검은깨 드레싱을 뿌려 완성한다.

땅콩 버터

###  Cooking Note

• 고기를 된장물에 삶는 이유는 고기의 육즙을 최대한 뺏기지 않게 하기 위함이다. 또한 오렌지 주스에 담그는 이유는 된장의 맛을 오렌지 주스가 순화시켜 주기 때문이다.

###  플러스

검은깨(흑임자)는 병의 예방과 치료에 좋고, 뼈와 심장에 좋다. 또한 대변을 부드럽게 하고 항산화작용을 한다. 힘을 내게 하는 필수 아미노산이 많아서 남녀노소에게 좋은 건강 음식이다.

# 스파이스 버터와 관자

## 재료 (2인분)

냉동 관자 4개
버터 100g
다진 마늘 1/2작은술
할라피뇨 1큰술
다진 블랙 올리브 2작은술
다진 타임 1/2작은술
식용꽃 4개
다진 홍고추 1/3작은술
엑스트라 버진 올리브
오일 1큰술
소금 약간
비닐팩(조리용 필름)

## 만들기

1 다진 마늘은 엑스트라 버진 올리브 오일에 볶아서 금빛이 나면 체에 받쳐 오일을 흘려 내린 후 식힌다.

2 할라피뇨는 잘게 다진 후 키친타월로 물기를 제거하여 준비한다.

3 버터는 실온에 두어 부드럽게 만든 것과 다진 할라피뇨, 볶은 마늘, 다진 타임, 다진 올리브, 홍고추, 소금을 골고루 섞는다.

4 조리용 필름(팩)을 펼친 후 버터를 중앙에 놓고 갈래를 딴 사탕처럼 1자로 버터를 펴서 필름 양쪽을 돌돌 만다.

5 버터가 압축되도록 양쪽 끝을 꼬아서 묶은 후 남은 부분은 가위로 잘라낸 다음 버터를 냉장고에 보관한다.

6 냉동 관자는 실온에서 해동하여 키친타월로 물기를 제거하여 준비한다.

7 중불로 프라이팬을 달구어 올리브 오일을 두른 후 관자를 넣어 익혀서 접시에 담는다.

8 준비한 버터를 5mm 두께로 잘라 관자 위에 얹고 식용꽃으로 장식하여 완성한다.

### 요리 & 디저트/와인

포도

단맛 ♥♡♡♡♡
신맛 ♥♥♥♡♡
쓴맛 ♥♥♥♥♡
바디 ♥♥♥♥♥

추천 와인 : **샤또 브란 깡뜨낙** (chateau brane cantenac)

이 와인은 프랑스산으로, 보르도 마고 지역에서 탄생된 2등급 그랑퀴르 고급 와인이다. 까베르네 소비뇽 70%, 까베르네 프랑 13%, 멜롯 17%를 블렌딩하여 만들어졌다. 퍼플 컬러가 감도는 짙은 루비색을 띠고 있으며, 장미, 체리, 블루베리, 딸기, 까시스의 아로마가 풍긴다. 끝맛이 굉장히 길고 입 안에 가득차는 바디감과 바닐라, 스모크, 허브, 커피, 후추향의 부케가 살아 있는 와인이다.

# 엔다이브 홍합요리

## 재료 (1인분)

엔다이브 5장
토마토 소스 100g
바질 2장
청양고추 2개
홍합살 50g
통마늘 2알
식용유 200mL
물 500mL

## 만들기

1. 엔다이브는 흐르는 물에 씻은 다음 세워서 담아 물을 제거하고, 청양고추는 잘게 다진다.
2. 통마늘은 얇게 슬라이스하여 물에 담가 매운맛을 없앤다.
3. 2의 마늘을 건져 내어 깨끗한 키친타월로 물기를 제거한다.
4. 냄비에 식용유를 붓고 170℃로 달궈지면 마늘을 넣고 젓가락으로 휘휘저어 금색이 나면 건져 낸다.
5. 홍합은 불순물을 제거하고 흐르는 물에 씻는다.
6. 냄비에 500mL의 물을 붓고 홍합을 넣어 끓인 다음, 홍합이 익으면 건져 내어 식힌다.
7. 식으면 홍합 살을 발라낸 다음 토마토 소스(96쪽 참조)를 냄비에 끓여 홍합을 한 번 더 끓인다.
8. 바질은 잘게 채썰고, 요리한 홍합과 다진 청양고추를 엔다이브 위에 얹어 접시에 담고, 튀긴 마늘과 바질을 홍합 위에 얹어 완성한다.

## 요리 & 디저트/와인

과일 에이드

단맛 ♥♥♥♡♡
신맛 ♥♥♡♡♡
쓴맛 ♥♥♥♡♡
바디 ♥♥♥♡♡

**추천 와인 : 무가 레쎄르바 (muga reserva)**

이 와인은 스페인산으로, 당도와 탄닌의 조화로운 밸런스가 가장 큰 무기이다. 무가 레쎄르바가 탄생한 스페인 리오하 지역은 지중해성 기후로 최상의 환경 조건이어서 스페인 최고의 와인 산지로 꼽을 수 있다. 리오하 지역의 토착 품종인 템프라뇨, 가르나챠, 마주엘로, 그라치아노를 블렌딩하여 만들어진 와인이다.

# 소바 샐러드

## 재료 (2인분)

### 소바 샐러드

소바 국물 300ml
카펠리니 누들 260g
영양부추 약간
참치 50g
계란 1개
참기름 2티스푼
김가루 1스푼

### 소바 국물

설탕 30g
청주 300ml
간장 50ml
물 300ml
무 1/4개
대파 흰부분 1줄기
생강 1/3개
가쓰오부시 1줌

## 만들기

1 소바 국물 재료를 한번 끓여 실온에서 식힌다.
2 냉동 참치를 녹인 후 참치에 참기름 한 스푼을 넣고 비벼 프라이팬에 센 불로 구워서 식힌다.
3 계란은 지단을 부쳐 얇게 채썬 후 식힌다.
4 영양부추는 손가락 두 마디 크기로 자르고 **3**과 섞는다.
5 카펠리니 누들은 끓는 물에 2분간 삶아서 찬물에 담가 식힌 후 물기를 빼고 참기름을 떨어뜨려 서로 붙지 않도록 한다.
6 적당한 그릇에 소바 국물을 담는다.
7 접시에 한입 크기로 카펠리니 누들을 말아 놓는다.
8 참치를 곁들여 놓고 **4**를 뿌리고 김가루를 얹으면 완성된다. 한입 크기로 만든 샐러드를 소바 국물에 담가 먹으면 된다.

카펠리니 누들

## Cooking Note

**소바 국물 만드는 방법**
• 대파의 흰부분과 생강은 석쇠에 구워 사용한다.
• 가쓰오부시를 뺀 나머지 재료를 냄비에 넣고 무가 익을 때까지 계속 끓인다.
• 가쓰오부시를 넣고 불은 끈 후 5분 정도 있다가 고운 체로 걸러서 식히면 완성된다.

 플러스

참치는 구우면 쇠고기 맛이 나는 생선이다. 또한 어류에 들어있는 DHA는 성장기 아이들의 두뇌에 아주 좋다. 그래서 아이들에겐 생선을 많이 먹여야 한다.

# 쇠고기 꼬치

### 재료 (1인분)

안심 100g
타임 5줄기
미소(된장) 100g
마른 빵가루 50g
꿀 20mL
엑스트라 버진 올리브
오일 10mL
나무꼬치 2개

### 만들기

1 미소는 사기 접시에 얇게 펴서 전자레인지에 넣고 수분이 날아갈 때까지 돌린다.

2 타임은 잎사귀만 뜯어 잘게 다지고, 마른 빵가루와 섞은 다음, 섞어 놓은 것을 프라이팬에 넣고 골고루 볶는다.

3 수분을 날린 미소와 잘게 다진 타임, 마른 빵가루를 섞어서 블렌더에 곱게 간 다음 체에 거른 후 거친 것은 버리고 고운 것만 사용한다.

4 안심은 저며서 썰고 나무꼬치에 꽂은 후 엑스트라 버진 올리브 오일을 바른다.

5 꼬치에 꽂은 안심을 그릴에 살짝 굽고 꿀을 뿌린 후 접시에 담는다.

6 구운 안심 꼬치에 말려둔 미소를 솔솔 뿌려서 간을 하면 완성된다.

## 요리 & 디저트/와인

오렌지

단맛 ♥♡♡♡♡
신맛 ♥♥♥♡♡
쓴맛 ♥♥♥♥♡
바디 ♥♥♥♥♡

**추천 와인 : 니포짜노 리제르바 키안티 루피나** (nipozzano riserva chianti rufina)

이 와인은 이탈리아산으로, 이탈리아 토스카나 키안티 루피나에서 산오베제 90%, 말바지아 네로, 메를로, 까베르네 소비뇽을 합친 10%를 블렌딩하여 탄생한 와인이다. 환하게 보이는 밝은 루비색을 띠고 있으며, 자두와 과일향에 스파이시한 아로마를 함유하여 긴 여운을 남긴다.

# 새우 완자 튀김

## 재료 (2인분)

알새우 200g
양파 1/4개
셀러리 1/2줄기
간 마늘 1작은술
마른 전분 20g
젖은 빵가루 50g
바질 4잎
식용유 500mL
소금, 후춧가루 약간씩

반죽을 동전 모양으로 만들기

## 만들기

1 셀러리는 껍질 섬유질을 감자칼로 얇게 벗긴 후 잘게 다져 준비한다.

2 알새우는 칼로 곱게 다지고, 양파도 곱게 다져 준비한다.

3 볼에 곱게 다진 알새우와 다진 채소, 간 마늘을 넣고 소금, 후춧가루로 간을 한 다음 손으로 잘 치대어 놓는다.

4 바질은 칼로 다져 놓는다.

5 볼에 빵가루를 담아놓고 만들어 놓은 새우 반죽을 40g씩 떼어 동전 모양으로 만든 후 빵가루를 입힌다.

6 170℃의 식용유에 만들어 놓은 새우 완자를 튀기고 키친타월에 밭쳐 기름을 빼 놓는다.

7 접시에 튀겨낸 요리를 담은 다음 다진 바질을 뿌린다.

8 이렇게 3단 정도로 쌓아 레이어 스타일로 만들어 낸다.

### 요리 & 디저트/와인

탄산음료

단맛 ♥♡♡♡♡
신맛 ♥♥♥♡♡
쓴맛 ♥♥♥♥♥
바디 ♥♥♥♡♡

추천 와인 : 베라짜노 키안티 클라시코 (verrazzano chianti classico)

이 와인은 이탈리아산으로, 빛을 투과시키면 루비 컬러가 감돈다. 자두, 체리, 허브향의 아로마를 지니고 있으며, 스파이시함과 계피, 후추맛이 일품이다. 과일맛과 산도, 타닌의 밸런스가 고급스러울 정도로 조화를 잘 이루고 있다. 과일향이 오랫동안 지속되며, 바디감도 길게 느껴진다.

# 나초 시금치 피자

## 재료 (2인분)

나초 6장
시금치 50g
유자청 2큰술
에멘탈 치즈 30g
파마산 치즈가루 1큰술
토마토 1/2개
청양고추 1/2개
엑스트라 버진 올리브
오일 2큰술
양파 1/4개
소금 약간

### 살사

멕시코식 소스로 찍어
먹거나 곁들여서 먹는
것을 말한다.
sauce=salsa라고
할 수 있다.

## 만들기

1 시금치는 흐르는 물에 깨끗이 씻어 물기를 털어낸 다음 0.5cm 두께로 슬라이스한다.

2 유자청과 엑스트라 버진 올리브 오일 1큰술을 스푼으로 잘 섞는다.

3 에멘탈 치즈는 얇게 슬라이스한다.

4 토마토는 속씨를 제거하고 겉 과육만 0.5cm 크기의 주사위 모양으로 자르고, 청양고추는 다져 준비한다.

5 양파도 0.5cm 크기의 주사위 모양으로 자르고 엑스트라 버진 올리브 오일과 함께 4와 섞어 소금으로 간하여 살사를 준비한다.

6 사기 접시에 나초를 깔고 유자를 조금씩 뿌린 후 에멘탈 치즈 슬라이스를 올려 오븐에 굽는다.(오븐이 없으면 전자레인지를 사용해도 된다.)

7 에멘탈 치즈가 녹으면 오븐에서 꺼내어 시금치를 올리고 파마산 치즈가루를 뿌린다.

8 마지막으로 시금치 위에 살사를 얹으면 완성된다.

### 요리 &
### 디저트/와인

커 피

단맛 ♥♡♡♡♡
신맛 ♥♥♥♡♡
쓴맛 ♥♥♥♥♡
바디 ♥♥♥♥♡

**추천 와인 : (루피노) 리제르바 듀칼레 키안티 클라시코** (ruffino)(riserva ducale chianti classico)

이 와인은 이탈리아산으로, 토스카나의 키안티에서 탄생하였다. 산지오베제 90%, 콜로리노, 까베르네 소비뇽, 멜롯이 블렌딩되어 만들어진 와인이다. 짙은 루비의 바이올렛 컬러가 돋보이고, 잼향의 달콤함과 바닐라, 스모키함, 톡쏘는 허브 같은 스파이시한 부케감, 마지막 5초 정도의 여운이 일품이다. 부드러운 타닌과 산도가 적절히 배합되어 있다.

# 오분자기 버터구이

오분자기 6마리
버터 30g
삶은 밤(통조림) 30g
블랙 올리브 2알
화이트 와인 20mL
장식용 바질 2줄기
소금·후춧가루 적당량

**만들기**

1  블랙 올리브는 키친타월로 물기를 제거한 뒤 잘게 다진다.

2  삶은 밤도 1과 같이 물기를 제거한 뒤 곱게 다진 후, 블랙 올리브 다져 놓은 것과 골고루 섞는다.

3  오분자기는 흐르는 물에 깨끗이 씻어서 내장을 완전히 제거하여 준비한다.(흙이 씹히기도 하니까 주의한다.)

4  중불로 하여 프라이팬에 버터를 넣고 오분자기와 함께 볶은 다음 화이트 와인을 넣어 잡내를 없앤다.

5  오분자기에 소금, 후춧가루로 간을 하여 맛을 낸 후 프라이팬에서 덜어 낸다.

6  곱게 다진 밤과 다진 올리브를 섞은 후 티스푼으로 조금씩 접시에 덜어낸 후 그 위에 오분자기를 나누어 얹는다.

7  마무리 장식으로 바질을 얹어 완성시킨다.

## 요리 & 디저트/와인

딸 기

| | |
|---|---|
| 단맛 | ♥♥♡♡ |
| 신맛 | ♥♥♥♡ |
| 쓴맛 | ♥♥♥♡ |
| 바디 | ♥♥♥♡ |

추천 와인 : **바로네 리카솔리 키안티 클라시코 리제르바** (barone ricasoli chianti classico riserva)

이 와인은 이탈리아산으로, 풍부한 과일 맛이 돋보이며 풀바디 와인의 매혹적인 결이 살아있다. 짙은 퍼플과 루비 컬러를 띠고 있으며, 산딸기, 블랙베리, 숙성된 오크향과 초콜릿의 맛이 배어 있다. 타닌과 산도의 절묘한 하모니가 살아있는 와인이다.

# 치킨 샐러드

**치킨 샐러드**

닭 가슴살 1개(100g)
베이비 야채 30g
양상추잎 2장
오렌지 주스 200ml
건포도 10개

**유자 드레싱**

유자청 2스푼
엑스트라 버진 올리브
오일 3스푼
오렌지 주스 100ml

## 만들기

1 드레싱은 재료를 잘 섞어서 준비한다.(믹서에 갈아도 된다.)
2 닭 가슴살을 얇게 2~3장으로 포를 뜬 후 오렌지 주스에 담가 냉장고에 3시간 정도 재운다.(닭의 잡냄새를 제거하고 오렌지 주스의 향이 베이게 하기 위해서이다.)
3 닭 가슴살은 오렌지 주스와 함께 프라이팬에서 삶듯이 익힌다.
4 익힌 치킨을 식힌 후 잘게 손으로 찢는다.
5 양상추를 잘게 채썰어서 베이비 야채와 섞어 얼음물에 담갔다 체에 받쳐 물기를 제거한다.
6 샐러드용 그릇에 야채와 닭 가슴살 찢은 것을 섞어 담는다.
7 접시에 한입 크기로 카펠리니 누들을 말아 놓는다.
8 건포도를 뿌린 후 유자 드레싱을 뿌리면 완성된다.

유자청

##  Cooking Note

• 닭 가슴살을 꼭 구울 필요는 없다. 오렌지 주스를 넉넉히 넣어 닭 가슴살을 삶아도 오렌지 향이 배어 맛이 있다.

## 플러스

유자에는 비타민 C가 레몬보다 세 배가 많고 노화와 피로를 방지하는 유기산을 함유하고 있다. 소화를 도와 식욕을 증진시키고, 또한 감기 예방에도 탁월한 알칼리성 식품이다.

# 치즈 이야기

치즈는 원료와 생유, 살균 유산균(미생물), 가열, 온도와 습도, 소금으로 만들어진다. 각 원료의 질에 따라 맛의 차이가 생긴다. 또한 암소의 좋은 생장 환경과 기후에 의하여 양질의 생유가 만들어진다. 치즈의 종류가 1950년대에만 해도 800종이라 하니 어느 유제품보다 건강에 좋다는 것을 반증하는 셈이다.

그렇다면 우리나라에서 사랑받는 치즈에 대하여 알아보자.

## 에멘탈 치즈(emmental cheese)

스위스의 대표적 치즈로서 만화 톰과 제리에서 자주 등장하는 구멍뚫린 치즈가 에멘탈 치즈이다. 스위스 베르네주 에멘탈 지역에서 유래된 것이다. 현재는 스위스뿐만 아니라 미국, 프랑스, 독일, 러시아에서도 생산된다. 조직은 탄력성이 풍부하고 달콤한 풍미를 지니고 있으며 가스 구멍이 있는 것이 특징이다. 가스 구멍이 큰 것은 가스 생산량이 많아 균열이 생기므로 결함이 있는 치즈로 분리한다. 에멘탈 치즈는 샐러드, 카나페 등 여러 음식에 쓰인다.

## 고르곤졸라 치즈(gorgozola cheese)

블루 치즈 종류인 고르곤졸라 치즈는 냄새가 고약하다. 거기에다가 초록색 곰팡이까지 피어 있다. 이 치즈는 세계에서 가장 오래된 이름으로 알려져 있는데 이탈리아 알프스 산맥 기슭에 위치한 고르곤졸라 마을에서 유래되었다. 고르곤졸라 치즈의 오리지널은 굵고 강하며 스파이시한 맛을 갖추고 있는데 요즘 상업적으로 만들어진 것은 부드러운 연성 치즈이다.

### 까망베르 치즈(camembert cheese)

우리나라에서도 많이 사랑받는 까망베르 치즈는 껍질이 연하며 속은 크림치즈처럼 부드러운 질감으로 되어 있다. 모든 치즈류는 와인과 잘 어울리며, 연성 치즈는 유아나 남녀노소 간식으로도 많이 사랑받고 있다.

이 치즈는 전지유 또는 약간의 크림을 첨가한 우유로 만든다. 지름은 13cm, 두께 3cm, 중량 300g에 납작한 원통 모양이 표준이다.

온도 10~13℃, 습도 85~90 사이에서 3주간 숙성시키는데 이 시간이 지나면 흐린 적색을 띠기도 한다.

### 모차렐라 치즈(mazzarella cheese)

피자 위에 올라가는 모차렐라 치즈는 많은 사람들에게 사랑 받는 치즈이다.

이탈리아가 원산지로 원래는 버팔로 물소젖으로 만들었으나 현재는 소젖을 사용하며 뉴욕 캘리포니아에서 많이 생산되고 있다.

피자 위에 올라가는 모차렐라 치즈는 단단하지만, 프레시 모차렐라 치즈는 연성이며 샐러드나 카나페에 많이 쓰인다.

### 마스카포네 치즈(mascapone cheese)

디저트나 소스로 많이 사용되며 크림 형태의 치즈이다. 리큐르를 가미하거나 과일과 곁들여 섞어서 사용한다.

*리큐르란 양조주나 증류주 또는 순알코올에 당액, 향료, 색소를 가하거나 과실, 초목의 뿌리 껍질 등을 가하여 제조한 술로서 특유한 향기가 있고 알코올이 강하며 단맛이 있다.

### 파마산 치즈(parmasan cheese)

이탈리아 치즈 중 귀한 치즈로 우리나라에서 흔히 피자와 곁들여 뿌려 먹지만 원래는 딱딱한 형태로 갈아서 판매하기도 한다.

파스타, 스프에도 많이 사용하며 이탈리아 말로 파마지아노 레지아노라고 말하는데 이탈리아 레스토랑에서 가끔 들어본 이름일 것이다.

# 모듬 베이컨 롤

**재료** (2인분)

베이컨 10장
소시지 2개
깐 알밤(익혀서 나온 통
조림 밤) 2개
중하새우 2마리
가리비 2알
아스파라거스 2개
망고 1개
할라피뇨 30g
홍고추 1/2개
나무 이쑤시개 10개

**만들기**

1 망고는 껍질을 벗긴 후 씨를 없애고 과육만 0.5cm 주사위 크기로 자른다.

2 할라피뇨는 녹즙기에 짜서 준비한다.

3 홍고추는 씨를 빼고 얇게 채썬 다음 1, 2의 재료들을 골고루 섞어 소스를 준비한다.

4 새우는 머리와 꼬리를 남기고 껍질을 벗긴다. 가리비는 해동시켜 준비한다.

5 아스파라거스는 감자칼로 껍질을 얇게 벗기고 끓는 물에 데쳐 얼음물에 담가 식힌다.

6 소시지와 알밤을 비롯한 각 재료를 베이컨으로 감싼 후 이쑤시개로 끼우고 팬에 담아 예열된 오븐에서 굽는다.

7 베이컨이 바삭하게 익으면 꺼낸다.

8 접시에 베이컨 롤을 담고 준비해둔 소스를 얹어 완성한다.

## 요리 & 디저트/와인

채소 샐러드

단맛 ♥♥♥♡♡
신맛 ♥♥♥♡♡
쓴맛 ♥♥♥♡♡
바디 ♥♥♥♡♡

**추천 와인 : 몬테스 알파 (montes alpha)**

이 와인은 칠레산이며, 고기류와 잘 어울린다. 블루베리, 딸기, 과일, 오크 등의 아로마와 부케가 적절하여 초보자에게도 무난한 와인이다. 짙은 루비색이 잘 익은 자두와 같아 농염하기까지하다. 2002년 월드컵을 위한 조추첨 행사가 부산에서 개최될 때 선정된 메인 와인이기도 하다. 또한 2002년 미국인이 가장 좋아하는 칠레 와인 1위이기도 하다.

# 망고 살사 대하꼬치

**재 료** (1인분)

새우(대하) 1마리
망고 1개
홍고추 1/2개
청양고추 1/2개
엑스트라 버진 올리브
오일 20mL
다진 양파 2큰술
데킬라 50mL
바질 3잎
레몬 1/2개
소금 약간
꼬치 1개

**만들기**

1  새우는 머리와 꼬리를 남겨두고 껍질을 벗긴다.

2  데킬라에 새우를 담가 3시간 가량 재워 냉장고에 보관한다.

3  데킬라에 재워 놓은 새우를 꼬리부터 꼬치에 끼워서 준비한다.

4  망고 껍질을 벗겨 내고 0.5cm 크기의 주사위 모양으로 썬다.

5  청양고추와 홍고추를 잘게 다지고, 양파를 0.5cm 크기의 주사위 모양으로 썬다.

6  바질은 잘게 채썰어 망고와 청양·홍고추, 엑스트라 버진 올리브 오일을 넣고 소금으로 간을 해서 섞어 살사를 준비한다.

7  새우에 살짝 소금으로 밑간을 한 다음 그릴에 새우를 앞뒤로 굽는다.

8  구운 새우를 접시에 담고 만들어 둔 망고 살사를 새우 위에 얹으면 완성된다.

**요리 & 디저트/와인**

과일 에이드

단맛 ♥♥♥♡♡
신맛 ♥♡♡♡♡
쓴맛 ♥♥♥♡♡
바디 ♥♥♥♡♡

**추천 와인 : 얄리 리미티드 에디션(골드 라벨)** *(yali limited edition(gold label))*

이 와인은 칠레산이며, 다크 레드의 진한 컬러와 끈기 있는 바디감, 단맛과 타닌의 밸런스가 훌륭하다. 칠레 최고의 떼루아라고 할 정도의 최적 환경인 메이포 밸리에서 탄생하였고, 멜롯 90%와 까베르네 소비뇽 10%로 만들어졌다. 초콜릿, 산딸기, 바닐라, 에스프레소의 맛이 배어 있고, 아주 매운 요리만 아니면 무난히 매운맛과 조화를 이뤄 낸다.

# 육회 카나페

### 재료 (2인분)

키위 1개
엔다이브 4잎
홍두깨살 150g
참기름 1작은술
잣 10알
간 마늘 1/2작은술
크레송 30g
설탕, 소금 약간씩

### 만들기

1 엔다이브는 흐르는 물에 씻은 후 물기를 제거한다.

2 크레송은 물에 담가 살려서 준비하고 체에 밭쳐 물기를 뺀다.

3 키위는 껍질을 제거하고 흐르는 물에 씻어 껍질에 묻은 털을 없앤 다음 2mm 두께로 다지듯 썬다.

4 홍두깨살은 잘게 채썰어 간 마늘, 소금, 설탕, 참기름을 넣고 양념을 한다.

5 조물조물 무친 홍두깨살을 엔다이브에 한입 크기로 담는다.

6 5의 위에 키위를 올리고 잣을 올린다.

7 크레송을 바닥에 깔고 엔다이브를 올려 장식하면 완성된다.

## 요리 &
## 디저트/와인

+

수정과

+

단맛 ♥♡♡♡♡
신맛 ♥♥♥♡♡
쓴맛 ♥♥♥♥♡
바디 ♥♥♥♡♡

**추천 와인 : 까시제로 델 디아블로** (casillero del diablo)

이 와인은 칠레산으로, 칠레 마이포 밸리, 라펠 밸리, 마울레 밸리 지역에서 생산되며, 세계적인 회사 콘차이토로가 만들고 판매한다. 진한 자주색 컬러를 띠고 있으며, 잘 익은 체리와 자두의 아로마가 일품이다. 거칠지 않은 부드러운 타닌으로 와인 초보자들도 접근하기가 쉽다.

# 엔다이브 치즈 카나페

## (2인분)

필라델피아 크림치즈
100g

엔다이브(작은 것) 5장

호두 3개

실파 2줄기

발사믹 소스 적당량

크레송 50g

카나페란 주로 작은 빵이
나 비스켓류가 받침이 되
고 그 위에 음식물을 얹는
작은 요리로 한입에 먹을
수 있는 음식을 말한다.

## 만들기

1 호두와 실파는 잘게 다진다.

2 크림치즈와 다진 호두와 실파를 섞는다.

3 엔다이브는 깨끗이 씻어 손질한다.

4 크림치즈, 호두, 실파 섞은 것을 티스푼을 이용하여 사진과
  같이 반추형으로 만들어 엔다이브에 올린다.

5 카나페가 완성되면 접시에 예쁘게 담고 발사믹 소스를 뿌리
  면 완성된다.

엔다이브

## 🔲 Cooking Note

• 엔다이브는 갈변현상이 잘 일어나는데, 손질 후 갈변현상을 막기 위해
  서는 우유에 담가놓으면 된다.
• 요리 과정을 보면 스푼을 이용하여 반추형을 만드는데 왼손, 오른손으
  로 번갈아가며 모양을 잡는다.

##  플러스

엔다이브는 수분을 보충해 주고 베타카로틴, 철분이 풍부하여 소화작용을 도와 위를 이롭게 하고 피부
를 젊게 유지시킨다. 또한 빈혈, 심장을 비롯한 모든 신체 기관을 이롭게 해준다.

# 로즈마리 향의 훈제오리

### 재료 (2인분)

훈제오리 가슴살 150g
간 생강 1작은술
로즈마리 티백 1봉
로즈마리 1줄기
뜨거운 정수 200mL
칠리 피클 4알
양파 1/2개
엑스트라 버진 올리브
오일 20mL
레드와인 20mL

### 만들기

1 양파는 최대한 얇게 슬라이스하여 엑스트라 버진 올리브 오일을 프라이팬에 두른 다음 볶는다. 나무주걱으로 볶다가 숨이 죽으면 레드와인을 넣고 완전히 졸인 후 그릇에 덜어 놓는다.

2 훈제오리는 5mm 두께로 썰어 준비한다.

3 훈제오리를 오븐에 굽는다. 밤색깔이 나도록 구워지면 키친타월로 눌러 기름기를 제거하여 준비한다.

4 뜨거운 물에 로즈마리 티백을 넣어 차를 만든 다음 티백을 건져내고 로즈마리를 넣는다.

5 차를 담은 컵 위에 나무젓가락을 얹고 훈제오리를 위에 올린 다음 볶은 양파를 얹는다.

6 볶은 양파 위에 칠리 피클과 간 생강을 얹으면 완성된다.

 **요리 & 디저트/와인**

생강차

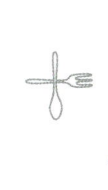 

단맛 ♥♡♡♡♡
신맛 ♥♥♥♡♡
쓴맛 ♥♥♥♥♡
바디 ♥♥♥♥♡

**추천 와인 : 1865**

이 와인은 칠레산이며, 마이포 밸리의 산 페드로사에서 만들었다. 벽돌 색깔의 바이올렛 컬러를 띠고 있으며, 오크향이 살아있다. 마이포 밸리의 독특한 흙내음과 바닐라, 토스트향의 조화가 훌륭하고, 입 전체에 퍼지는 부케는 긴 여운으로 이어지고 마지막까지 풍부한 과일 맛이 느껴진다.

# 사모사

## 재료 (2인분)

사각 춘권피 10장
알새우 50g
달걀 1개
간 생강 1작은술
양파 1/4개
표고버섯 2개
당면 20g
깻잎 5장
커리가루 2작은술
참기름 1작은술
소금 1작은술
식용유 500mL

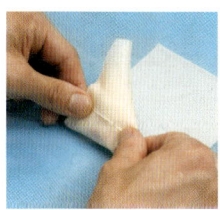

춘권피 직삼각형 만들기

## 만들기

1 당면은 물에 3시간 동안 미리 담가둔다.

2 양파, 표고버섯은 잘게 다지고, 깻잎은 흐르는 물에 씻어 털어 낸 후 잘게 채썬다.

3 새우는 잘게 다지고, 미리 불려 놓은 당면은 손가락 한 마디 크기로 자른다.

4 볼에 양파, 표고버섯, 당면, 깻잎, 커리가루, 참기름, 소금, 간 생강, 알새우, 달걀흰자를 넣고 반죽을 잘 치댄다.

5 춘권피는 펼쳐서 5cm 정도 잘라 직사각형으로 만든다.

6 반죽을 20g 정도 떼어 내어 춘권피 끝쪽에 놓고 직삼각형을 만들어 계속 접어 끝을 달걀 노른자로 붙여준다.

7 프라이팬에 식용유를 넣고 170℃에 3분간 앞뒤로 튀긴다.

8 튀겨낸 것을 키친타월에 담아 기름을 빼고 접시에 담아 낸다.

### 요리 & 디저트/와인

**사모사**
야채와 감자를 넣고 삼각형으로 빚어 기름에 튀긴 인도식 만두를 말한다.

허브티

단맛 ♥♥♥♡♡
신맛 ♥♥♥♡♡
쓴맛 ♥♥♥♡♡
바디 ♥♥♥♥♥

추천 와인 : **마르케스 멜롯** (marques merot)

이 와인은 칠레산으로, 짙은 퍼플 컬러를 띠고 있으며, 건포도와 체리향이 오픈하자마자 풀바디의 느낌과 함께 테이블 주변을 날아다닌다. 스파이시한 후추향, 초콜릿의 부케와 시가향도 가지고 있으며 끝맛도 살아있어 와인 애호가들을 매료시킨다.

# 쌀국수 미니 소바

**만들기**

1 소바다시(96쪽 참조)는 냉장고에 보관하여 차갑게 만든다.

2 쌀국수는 물에 4시간 동안 불리고, 김밥용 김은 가위로 잘게 잘라 준비한다.

3 청포묵은 2cm 크기의 주사위 모양으로 잘라 뜨거운 물에 20초 동안 삶아 찬물에 식힌다.

4 베이비 채소는 깨끗이 씻어 물을 털어 내고, 숙주는 뜨거운 물에 데쳐서 찬물에 식힌다.

5 불린 쌀국수는 50g씩 떼어 내어 뜨거운 물에 담갔다가 빼내고 얼음물에 식혀 물기를 털어 낸다.

6 소바 그릇에 소바다시를 붓고, 면을 돌돌 말아 담은 후 초새우와 데친 숙주를 담는다.

7 청포묵을 넣고 베이비 채소, 김을 올려 완성한다.

## 요리 & 디저트/와인

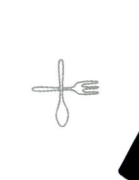

생과일주스

단맛 ♥♡♡♡♡
신맛 ♥♥♡♡♡
쓴맛 ♥♥♥♡♡
바디 ♥♥♥♥♡

**추천 와인 : 에스쿠도 로호 (escudo rojo)**

이 와인은 칠레산이며, 까르메네르, 까베르네 소비뇽, 시라, 까베르네 프랑을 골고루 섞어서 만든 것이다. 프랑스 필립 로췰드사, 즉 샤토 무똥 로췰드를 만드는 회사가 칠레에 설립한 것이다. 프랑스산 와인 오크통에서 숙성을 해서인지 칠레 와인인데도 불구하고 프랑스 와인의 느낌을 지니고 있다. 짙은 루비 컬러를 띠고 있으며, 체리, 까시스, 산딸기의 아로마와 스모키 스파이스, 바닐라 부케로 인해 끝맛이 길게 느껴진다.

# 튀긴 두부 카나페

### 재료 (2인분)

**두부 카나페**

두부 1/3모
쇠고기 간 것 200g
김치 100g
소금, 후추 약간
찹쌀가루 100g
식용유 100ml
요리용 술 1스푼

**망고 살사**

망고 1/3개
체리 토마토 3개
꿀 1/2 스푼
엑스트라 버진 올리브
오일 2스푼

> 살사란 칠레나 멕시코 음식으로서 매운 소스를 뜻한다. 하지만 여기서는 달콤한 소스로 변형시켰다.

### 만들기

1 살사 재료에서 망고와 체리 토마토는 5mm 미만의 주사위 크기로 자른다.

2 나머지 살사 재료를 믹싱볼에 담아 스푼을 이용하여 골고루 섞어 드레싱을 준비한다.

3 프라이팬에 식용유를 두르고 쇠고기 간 것을 넣어 볶다가 요리용 술로 잡냄새를 없앤다.

4 김치는 물에 씻어 고춧가루를 없애고 물기를 꼭 짠 다음, **3**에 넣어 볶으면서 소금, 후추로 간을 한 후 식힌다.

5 두부는 가로·세로 3cm, 두께 1cm로 자른 다음 티스푼을 이용하여 약간 파서 홈이 패이게 한 후 찹쌀가루를 무쳐서 식용유 180℃에서 30~40초 정도 튀긴다.

6 튀긴 두부 위에 볶아놓은 **4**를 올린 후 망고 실사를 올려 접시에 모양내어 담는다.

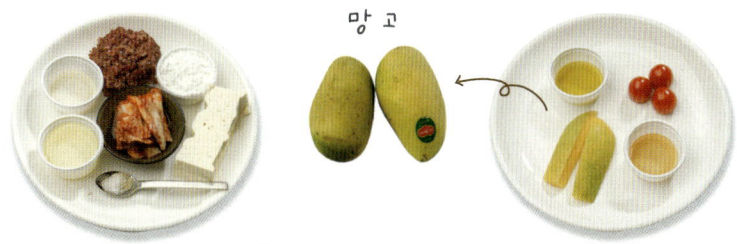

망고

 **플러스**

두부에는 식물성 단백질과 필수지방산이 풍부하다. 또한 나트륨을 제한해서 먹어야 하기 때문에 우리나라 사람처럼 짠 음식 문화에는 꼭 곁들여야 하는 음식이다. 또한 칼슘이 많아 성장기 어린이에게는 최고의 식품이다.

# 파우더를 입힌 치즈 퐁듀

 **재료** (2인분)

연와사비가루 1작은술
고구마 1개
에멘탈 치즈 100g
화이트 와인 30mL
물전분 1/2큰술
바게트 빵 200g
후춧가루 1/2작은술

**만들기**

1 고구마는 손질하여 찜통에 찐다.(삶아도 된다.)

2 찐 고구마는 껍질을 벗겨 으깬 다음 와사비가루를 섞는다.

3 골고루 섞은 와사비와 고구마를 고운 체에 내린다.

4 바게트 빵을 3cm 크기의 주사위 모양으로 잘라 놓는다.

5 에멘탈 치즈를 잘게 잘라 냄비에 담고 후춧가루와 화이트 와인을 넣은 후 조리용 주걱으로 눌지 않게 젓는다.

6 치즈가 녹아 와인과 잘 섞이면 물전분으로 농도를 맞춘다.(치즈가 늘어지듯이.)

7 바게트에 치즈를 묻히고 **3**의 와사비 고구마 파우더를 뿌려 골고루 묻혀 완성한다.

## 요리 & 디저트/와인

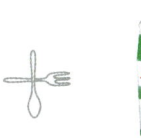

우유

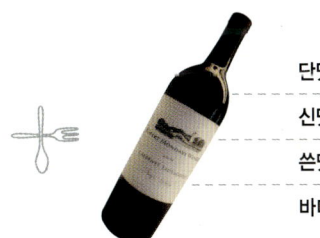

단맛 ♥♡♡♡♡
신맛 ♥♥♥♡♡
쓴맛 ♥♥♥♡♡
바디 ♥♥♥♥♥

**추천 와인 : 로버트 몬다비 까베르네 소비뇽** (robert mondavi cabernet sauvignon)

이 와인은 미국산이며, 캘리포니아 나파 밸리에서 생산된다. 짙은 검은 자두색을 띠고 있으며, 초콜릿, 오크, 블랙베리의 긴 여운을 남긴다. 프랑스의 보르도가 와인의 대표 지방이라면, 미국은 캘리포니아 나파 밸리가 최고의 생산지이다. 미국 최고의 생산회사 로버트 몬다비는 품질 좋은 와인을 만들어 낸다는 고집스런 장인정신을 가지고 있는 회사이다. 까베르네 소비뇽, 멜롯, 까베르네 프랑, 쁘띠 베르도가 블렌딩된 와인이다.

 **플러스**

퐁듀란 스위스에서 유래된 것으로, 빵 등의 음식을 녹인 치즈에 찍어먹는 것이다.

# 삼겹살을 곁들인 카펠리니

### 재료 ( 2인분)

**카펠리니 파스타**

삼겹살 6장
양파 1/4개
청·홍피망 1/4개
표고버섯 1/2개
카펠리니 100g
식용유 2스푼
소금 약간
요리용 술 1스푼
물 500ml

**견과 소스**

우유 200ml
참깨 1스푼
잣 1스푼
호두 4알
땅콩버터 1스푼
생크림 500ml

### 만들기

1 냄비에 500ml 정도의 물을 붓고 끓이다가 카펠리니를 넣고 2분 정도 삶는다. 다 삶아지면 차가운 물에 식힌다.

2 1에 식용유 1스푼을 넣고 버무려 서로 달라 붙지 않도록 한다.

3 소스는 재료를 모두 믹서에 3분 정도 갈아서 고운 체에 걸러 만든다.

4 야채는 얇게 썬다.

5 달궈진 냄비에 식용유 1스푼을 두르고 삼겹살을 넣고 볶는다.

6 5에 요리용 술로 잡냄새를 없애고, 야채를 넣고 볶다가 소스를 넣어 끓으면 카펠리니를 넣고 1분 정도 익힌다.

7 6에 소금으로 간을 한 후 파스타 볼에 담으면 완성된다.

카펠리니

## Cooking Note

• 파스타 종류가 워낙 많지만 그 중 카펠리니를 선택한 것은 소면과 같이 얇아 먹기가 편하기 때문이다.

### 플러스

잣, 호두, 땅콩 등 견과류들은 자주 먹는 것이 좋다. 필수지방산이 많아서 두뇌 발달과 집중력을 길러주고 신진대사를 좋게 하며 정신적, 육체적으로 활력을 준다.

# 월남쌈으로 감싼 성게알

## 재료 (2인분)

월남쌈(사각) 4장
성게알(우니) 4알
적양파 1/4개
자몽 1/4개
할라피뇨즙 30mL
생강즙 1작은술
꿀 20mL
정종 20mL
깻잎 4장

성게알 월남쌈으로 말기

## 만들기

1 성게알에는 정종을 뿌려 놓는다.

2 적양파는 껍질을 벗기고 잘게 다진다.

3 할라피뇨는 녹즙기에 짜 놓는다.

4 잘게 다진 적양파, 할라피뇨즙, 생강즙과 꿀을 섞어 소스를 준비한다.

5 자몽은 속살만 파내어 놓고, 깻잎은 씻어서 얇게 채썬다.

6 월남쌈은 따뜻한 물에 10초간 담가 흐물해지면 도마 위에 올려 놓는다.

7 6의 위에 성게알을 올리고 한 바퀴 돌돌 만 다음 양 날개를 접어 넣고 다시 돌돌 만다.

8 슬라이스한 깻잎을 접시에 깔고 월남쌈과 자몽을 얹는다.

9 만들어 놓은 4의 소스를 월남쌈 위에 뿌리면 완성된다.

## 요리 & 디저트/와인

떡

단맛 ♥♡♡♡♡
신맛 ♥♥♥♡♡
쓴맛 ♥♥♥♥♡
바디 ♥♥♥♥♡

**추천 와인 : 캔달 잭슨 까베르네 소비뇽** (kendall jackson vintner's reserve cabernet sauvignon)

이 와인은 미국산이며, 미국 캘리포니아에서 생산되고 있다. 까베르네 소비뇽 96%, 메를롯 1%, 까베르네 프랑 3%를 블렌딩한 제품으로, 다양한 캐릭터를 느낄 수 있는 탄탄한 구조감의 와인이다. 블랙체리와 블랙베리, 연필심과 같은 묵직한 향과 맛이 지배적이다.

# 가리비 꼬치

## 재료 (2인분)

가리비 4개
대파 흰부분 1줄기
방울토마토 2개
아스파라거스 2줄기
쯔유 20mL
참기름 20mL
레몬 껍질 1조각
칵테일 소스 1큰술

## 칵테일 소스 재료

케첩 2큰술
머스터드 1/2작은술
설탕 1/2작은술
레몬즙 1/2작은술
타바스코 1/2작은술
소금 · 후춧가루 약간

## 만들기

1 가리비는 끓는 물에 삶아서 살만 발라 낸다.

2 아스파라거스는 섬유질을 벗겨 내고 뜨거운 물에 데쳐서 찬물에 담가 식힌다.

3 대파 흰부분은 깨끗이 씻어 4cm 크기로 자른다.

4 가리비, 대파, 아스파라거스, 가리비, 방울토마토 순으로 꼬치에 끼워 준비한다.

5 레몬 껍질은 안쪽에 있는 하얀 부분을 제거하고 얇게 채썬다.

6 참기름과 쯔유를 섞어 참기름 소스를 준비한다.

7 그릴에 꼬치를 노릇하게 구워 접시에 담은 다음 참기름 소스를 뿌려 준다.

8 칵테일 소스를 꼬치에 점점이 찍어주고 레몬 껍질을 올려 완성한다.

## 요리 & 디저트/와인

프루트 펀치

단맛 ♥♡♡♡♡
신맛 ♥♥♥♡♡
쓴맛 ♥♥♥♡♡
바디 ♥♥♥♡♡

추천 와인 : **알토스 말벡** (altos malbec)

이 와인은 아르헨티나산으로, 독특한 캐릭터를 지니고 있다. 선명한 자주빛을 띠고 있으며, 체리와 블랙베리의 향으로 전통적인 말벡 품종의 특징을 지니고 있다. 과일 맛이 풍부하고 마셨을 때의 조직감과 탄닌도 느낄 수 있다. 아르헨티나의 멘도자 지역에서 생산되고, 와인 품질의 고급화에 성공하여 전 세계 와인 애호가들의 극찬을 받고 있다.

# 라따뚜이와 새우

## 재료 (2인분)

양파 1/4개
주키니 호박 1/4개
가지 1/4개
홍피망 1/2개
토마토 소스 150g
바질 3장
새우 6마리
연근 50g
마른 전분 20g
식용유 500mL
소금 1작은술

### 라따뚜이

프랑스 프로방스 지방에서 먹는 전통적인 야채 스튜로, 여러 가지 재소와 허브를 넣고 토마토 소스를 넣어 요리하는 것이 일반적이다.

## 만들기

1 주키니와 가지는 반으로 잘라 연한 속을 파내고, 홍피망은 씨를 제거한다.

2 양파, 가지, 주키니, 홍피망은 1cm 크기의 주사위 모양으로 잘라 준비한다.

3 도마 위에 새우를 놓고 새우 등쪽에 칼집을 넣는다.

4 냄비에 200mL 물과 약간의 소금을 넣고 끓여 새우를 30초간 삶아 체로 건져 상온에 식힌다.

5 연근은 껍질을 제거하고 얇게 슬라이스해서 물에 담근 다음 체에 밭쳐 물기를 제거하고 170℃ 식용유에서 갈색이 나도록 튀긴다.

6 프라이팬에 식용유를 1큰술 넣고 호박을 먼저 넣어 익힌 다음 양파, 홍피망, 가지를 함께 넣어 볶는다.

7 6에 토마토 소스(96쪽 참조)를 넣어 자작하게 졸여 라따뚜이를 완성시킨다.

8 튀긴 연근 위에 라따뚜이, 새우, 바질 순으로 얹으면 완성된다.

### 요리 & 디저트/와인

요거트

| | |
|---|---|
| 단맛 | ♥♥♡♡♡ |
| 신맛 | ♥♥♡♡♡ |
| 쓴맛 | ♥♥♥♡♡ |
| 바디 | ♥♥♥♡♡ |

**추천 와인 : 제이콥스 크릭 쉬라즈 까베르네 (jacobs creek shriaz carbernet)**

이 와인은 호주산으로, 남호주 바로사 밸리에서 생산되며 가장 유명한 와이너리이다. 진한 선홍빛과 보라빛의 두 가지 색을 띠고 있으며, 자두, 딸기, 체리의 아로마가 일품이다. 초콜릿의 타닌과 오크향도 부드럽게 다가오며, 민트향의 부케가 입 안에서 오랫동안 머물러 있다.

# 레몬 크림 소스 가리비 찜

## 재료 (2인분)

생가리비 5개
마요네즈 2스푼
연유 1스푼
은행 3개
레몬즙 1스푼
미니 파프리카 1개

마요네즈는 주성분이 식용유와 계란 노른자로 되어 있어서 불에 의해 가열이 되면 금세 눌어 타 버리기 쉽다. 때문에 중불로 저어가면서 소스를 만들어야 한다.

## 만들기

1  생가리비는 흐르는 물에 씻어 끓는 물에 30초 정도 데친다.
2  은행은 잘게 다진다.
3  미니 파프리카는 얇게 자른다.
4  소스용 팬에 마요네즈와 레몬즙을 넣고 살짝 끓인다.
5  연유로 단맛을 조절하고 소스를 완성시킨다.
6  데친 가리비를 접시에 담고 소스를 뿌린다.
7  얇게 자른 미니 파프리카를 올리고 다진 은행을 뿌린다.

미니
파프리카

## Cooking Note

• 레몬 크림소스는 새우 튀김에도 어울리며 레몬즙 대신 에스프레소 커피를 넣어도 맛있는 소스가 된다.

## 플러스

조개 중 보신 음식으로 뽑히는 가리비는 요즘 수입산도 많아서 쉽게 접할 수 있는데, 허약 체질 개선에 좋은 음식이다. 또한 칼륨 성분이 많아 소갈이라 하여 소변의 양이 많은 아이에게는 소변의 양을 조절할 수 있도록 해 준다.

# 연두부 샐러드

### 재료 (1인분)

베이비 채소 30g
아보카도 1개
연두부 1/2개
적양파 1/4개
엑스트라 버진 올리브
오일 50mL
파인애플 주스 30mL
셀러리 줄기 30g
애플민트 2줄기

### 만들기

1 베이비 채소는 흐르는 물에 씻은 후 물기를 털어 낸다.

2 적양파, 셀러리, 애플민트는 흐르는 물에 씻어 물기를 제거한다.

3 아보카도, 적양파, 셀러리는 5mm 크기의 주사위 모양으로 잘라 준비한다.

4 애플민트는 다져서 준비한다.

5 엑스트라 버진 올리브 오일과 파인애플 주스, 다진 애플민트와 잘라서 준비한 3의 야채를 섞어 소스를 만든다.

6 깻잎은 흐르는 물에 씻어 물기를 털어 내고 얇게 채썬다.

7 연두부는 1cm 두께로 슬라이스하여 접시에 담아 준비한다.

8 연두부에 소스를 얹고 베이비 채소를 올려 장식하여 완성한다.

## 요리 & 디저트/와인

홍차

단맛 ♥♡♡♡♡
신맛 ♥♥♥♡♡
쓴맛 ♥♥♥♥♡
바디 ♥♥♥♥♡

추천 와인 : **쿠눙가 힐 쉬라즈 까베르네** (koonunga hill shiraz carbernet)

이 와인은 호주산이며, 남호주에서 생산된 쉬라즈 50%, 까베르네 50%를 섞어 만들어진 것이다. 밝은 진홍색을 띠고 있으며, 딸기, 자두, 산딸기의 아로마와 바닐라, 스모크, 계피, 민트의 부케를 지니면서 풀바디에 가까운 묵직함을 가지고 있다. 과일향과 타닌의 부드러움이 환상의 조화를 이뤄 내고 있다.

# 아보카도 자몽 카프레제

## 재료 (2인분)

아보카도 1/2개
자몽 1개
모차렐라 1개
깻잎 1묶음
엑스트라 버진 올리브
오일 50mL
잣 50g
베이비 채소 10g
소금 약간

### 카프레제

이탈리아 카프리섬 스타일의 샐러드라 붙여진 이름이다. 토마토, 모차렐라 샐러드가 대표적이다.

## 만들기

1 깻잎을 흐르는 물에 깨끗이 씻어 물기를 없앤 후 줄기 부분을 제거한다.

2 블렌더에 깻잎, 엑스트라 버진 올리브 오일, 잣과 소금을 넣어 곱게 갈아서 튜브에 담아 준비한다.

3 자몽은 껍질을 제거하고 과육만 파내어 준비한다.

4 아보카도는 씨를 빼내고 껍질을 벗겨낸 후 자몽 두께 정도로 잘라 준비한다.

5 모차렐라는 키친타월로 물기를 제거하고 슬라이스한다.

6 베이비 채소는 물에 헹구어 싱싱하게 살려둔다.

7 자몽, 모차렐라 치즈, 아보카도 순으로 놓고 준비해 둔 2의 깻잎 소스를 뿌려준다.

8 물기를 제거한 베이비 채소를 소스 위에 얹어 완성한다.

## 요리 & 디저트/와인

미니햄버거

단맛 ♥♡♡♡♡
신맛 ♥♥♥♡♡
쓴맛 ♥♥♥♥♡
바디 ♥♥♥♥♡

**추천 와인 : 틴타라 쉬라즈 (tintara shiraz)**

이 와인은 호주산이며, 남호주에서 만든 쉬라즈 품종의 퍼플계열의 적색을 띠고 있다. 체리의 검은 과실의 아로마를 지녔으며, 스모크함과 후추의 스파이시함이 입 안 전체를 감싼다. 과실향이 풍부하고 바디가 강한 와인으로, 쓴맛과 풀바디가 적절히 어우러져 한식과도 잘 어울린다.

## 토마토 소스 만들기

1. 토마토 통조림 500g을 손으로 으깨고 바질 3잎을 뜯어서 넣는다.
2. 통마늘은 꼭지를 따서 으깨어 엑스트라 버진 올리브오일을 냄비에 넣고 갈색으로 볶는다.
3. 갈색으로 마늘이 익으면 으깬 토마토를 넣고 소금 1작은술, 설탕 1큰술을 넣어 한번 끓인다.
4. 끓인 소스는 차갑게 식혀 사용할 만큼 덜어서 쓴다. (맵게 하려면 청양고추를 다져 넣어 끓이면 매운 소스가 된다.)

## 소바다시 만들기

1. 냄비에 물 500mL, 소금 1작은술을 넣고 간장 40mL, 쯔유 35mL, 통계피 한 마디 분량을 섞는다.
2. 설탕 1큰술, 배 1/4개, 미림 30mL를 1에 섞어 끓인다.
3. 약한 불로 5분간 끓인 후 얼음물에 차갑게 식혀 냉장고에 보관한다.

## 치킨 육수 만들기

1. 생닭 반 마리를 끓는 물에 20~30초간 데쳐서 건져 내고 닭에 붙은 불순물을 찬물에 헹궈 낸다.
2. 냄비에 물 10L, 데친 생닭, 월계수잎, 양파 1개, 셀러리 1줄기, 통마늘 5개를 넣고 센불로 끓인다.
3. 물이 끓으면 불을 줄여서 보글보글 끓이다가 1시간 30분 정도 끓이면서 뜨는 기름과 불순물을 걷어 낸다.
4. 끓은 지 2시간이 지나면 불을 끄고 내용물은 체로 건져 내고 육수만 차갑게 얼음물에 식힌 후 쓸만큼 덜어서 사용한다.

# 새우구이와 미니 비빔밥

## 재료 (2인분)

새우 9마리
엑스트라 버진 올리브
오일 50mL
로즈마리 1줄기
따뜻한 밥 200g
김치 30g
오크잎 20g
참기름 1작은술
고추장 1/2큰술
레몬 1/4개
소금 1작은술

## 만들기

1  김치는 흐르는 물에 씻어 고춧가루를 털어 내고 물기를 꼭 짠 다음 잘게 다진다.

2  오크잎은 흐르는 물에 씻고 1cm 두께로 자른다.

3  새우는 머리와 꼬리를 남기고 껍질을 벗긴 후 예열된 오븐에 넣어 굽는다.

4  따뜻한 밥을 볼에 담고 다진 김치와 오크잎, 참기름, 고추장을 잘 섞는다.

5  4를 조그만 원형틀에 예쁘게 담아 준비한다.

6  새우가 다 익을 동안 조그만 볼에 엑스트라 버진 올리브 오일과 소금을 넣고 전자레인지에 30초간 가열하고 로즈마리를 살짝 담가둔다.

7  새우가 익었으면 밥 위에 올리고 레몬과 로즈마리 오일을 비빔밥 옆에 곁들여 낸다 (로즈마리 기름을 새우에 바르고 레몬즙을 살짝 뿌리면 맛이 감미롭다.)

## 요리 & 디저트/와인

허브티

단맛 ♥♥♡♡♡
신맛 ♥♥♥♡♡
쓴맛 ♥♥♡♡♡
바디 ♥♡♡♡♡

### 추천 와인 : 피오 체사레 가비 (pio cesare gavi)

이 와인은 이탈리아산으로, 피에몬테 가비 지역의 코르테제 품종 100%로 만들어진 것이다. 맑은 짚색을 띠고 있으며, 레몬과 사과 맛의 아로마와 신맛이 강한 산뜻하고 드라이한 와인이다. 알코올 함량이 12.5%이다.

# 아보카도 오징어 샐러드

## 재료 (2인분)

물오징어 몸통 1마리
아보카도 1/2개
방울토마토 2개
시금치 50g
미니 파프리카 2개
엑스트라 버진 올리브
오일 20mL
바질 3잎
오렌지 1/4개
소금 약간

## 만들기

1 시금치는 잎사귀만을 잘라 차가운 물에 담가 싱싱하게 한 후 체에 밭쳐 물기를 제거한다.

2 물오징어 몸통은 껍질을 벗겨 흐르는 물에 깨끗이 씻은 후 1cm 두께로 자른다.

3 냄비에 물을 끓여 자른 오징어를 1분 동안 삶은 다음 건져낸 후 올리브 오일 1작은술을 뿌려 식혀 놓는다.

4 미니 파프리카, 방울토마토는 물에 깨끗이 씻은 후 반으로 잘라 준비한다.

5 바질은 채썰고, 아보카도는 껍질을 벗겨 씨를 빼낸 후 2cm 크기의 주사위 모양으로 썰어 준비한다.

6 엑스트라 버진 올리브 오일에 소금과 바질을 넣고 섞어 드레싱을 만든다.

7 오렌지는 껍질을 벗긴 후 과육만 남긴다.

8 접시에 시금치를 담고 오징이, 이보기도, 방울토마토, 미니 파프리카, 오렌지 과육을 담은 후 드레싱을 골고루 뿌려 완성한다.

## 요리 & 디저트/와인

커 피

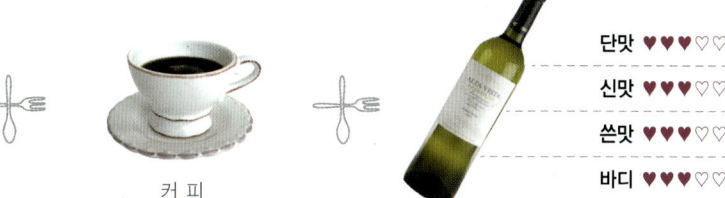

단맛 ♥♥♥♡♡
신맛 ♥♥♥♡♡
쓴맛 ♥♥♥♡♡
바디 ♥♥♥♡♡

**추천 와인 : 알타비스타 토론테스 프리미엄** (*alta vista torrotes premium*)

이 와인은 아르헨티나산으로, 최고의 와인 생산지인 멘도자에서 탄생한 토론테스 100% 품종이다. 알콜 함량이 14.5%이지만 무겁지 않고 경쾌하고 산뜻하다. 배의 연녹색을 띠고 있으며, 레몬, 배, 복숭아, 장미의 아로마향을 지니고 있다.

# 구운 관자와 파프리카 소스

## 재료 (2인분)

관자 4개
빨강 파프리카 3개
엑스트라 버진 올리브
오일 20mL
레몬 1개
양파 1/4개
셀러리 줄기 약간
화이트와인 400mL
생크림 50mL
타임(허브) 2줄기
소금, 후춧가루 약간씩

## 만들기

1 냉동된 관자는 흐르는 물에 씻고 접시에 담아 랩으로 싸서 냉장 보관하여 해동시킨다.

2 파프리카는 흐르는 물에 씻어 꼭지와 씨를 제거하고, 냄비에 와 인과 양파, 파프리카, 셀러리를 넣고 끓으면 약한 불로 졸인다.

3 와인이 1/2로 줄어 들면 양파와 셀러리를 건져 내고 레몬즙을 짜서 넣고 2분 정도 은근히 끓인다.

4 3의 레몬즙의 신맛이 날아가면 불을 끄고 5분여 지난 뒤 믹서에 갈아 고운 체에 걸러 소스를 준비한다.

5 생크림은 약불로 5분간 끓인 후 만들어 둔 4의 소스와 섞는다.

6 해동된 관자의 물기를 없애고, 프라이팬에 올리브 오일을 붓고 관자를 소금, 후춧가루로 간하여 앞뒤로 센불에 굽고 약한 불로 관자 속까지 익힌 후 접시에 담는다.

7 소스는 팬에 담아 끓여 소금, 후춧가루로 간을 한 후, 접시에 담 은 관자 위에 얹고 타임으로 장식하여 완성한다.

## 요리 & 디저트/와인

채소 샐러드

단맛 ♥♡♡♡♡
신맛 ♥♥♥♡♡
쓴맛 ♥♥♥♡♡
바디 ♥♥♥♡♡

### 추천 와인 : 클라우디 베이 소비뇽 블랑 (cludy bay sauvignon blac)

이 와인은 뉴질랜드산으로, 말보로 지역에서 생산되는 소비뇽 블랑 100% 품종으로 만들었으며, 마신 뒤의 여운이 입 안에서 오랫동안 머문다. 엷은 볏짚색을 띠고 있으며, 토마토와 건초 등의 아 로마향을 지니고 있다. 과일향이 강하며 맛이 드라이하지만 상쾌하다.

# 오렌지 소스 삼치 스테이크

## 재료 삼치 스테이크 (2인분)

### 삼치 스테이크

삼치 1토막(150g)
요리용 술 2스푼
레몬 · 오렌지 껍질 1스푼
마늘 1스푼
숙주나물 50g
느타리버섯 2줄기
소금 1티스푼
식용유 2스푼
후추 약간

### 오렌지 소스

오렌지 주스 100ml
꿀 2스푼
오렌지 과육 1스푼
생크림 1스푼

## 만들기

1 요리용 술, 잘게 채썬 레몬 껍질과 오렌지 껍질, 간 마늘과 소금 등을 골고루 섞은 뒤 손질된 삼치에 바른 후 랩으로 싸서 냉장고에 30분 정도 재운다.

2 양념에 재워질 동안 오렌지 주스를 소스 팬에 끓이고 꿀을 넣어 1/2이 되게 졸이면서 적당한 농도를 만든다.

3 가열된 프라이팬에 식용유를 넣고 1의 생선을 앞, 뒤로 불에 굽고 익을 때까지 뚜껑을 덮어 놓는다.

4 생선이 익은 후에는 오렌지 껍질과 레몬 껍질을 털어낸다.

5 숙주는 뜨거운 물에 데치고, 느타리버섯과 숙주를 살짝 볶는다.

6 접시에 얹은 야채 위에 구운 삼치를 올린 후 소스를 뿌리고 잘게 썬 오렌지 과육을 뿌린다.

7 마지막으로 생크림을 주변에 뿌리면 완성된다.

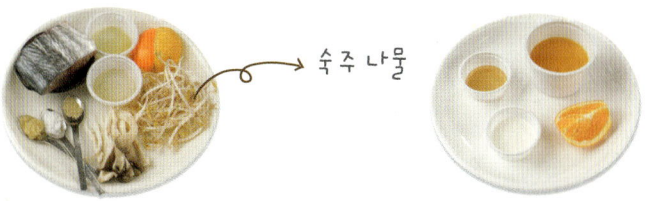

숙주 나물

### Cooking Note

• 생선이나 고기는 처음 구울 때는 센 불에서 앞뒤로 굽고 그 다음에 오븐에서 익힌다. 그래야 육즙이 빠져 나가지 않아 맛이 있다.

### 플러스

등푸른 생선에는 불포화 지방산인 다량의 DHA와 오메가 산을 많이 함유하고 있는데, DHA는 성장기 어린이의 두뇌와 신경계통에 작용하여 기억력을 높여 준다. 똑똑하게 키우고 싶다면 등푸른 생선을 많이 먹이도록 한다.

# 오이절임과 참치

## 재료 (2인분)

냉동 블럭 참치 150g
참기름 10mL
고수 2줄기
양파 1/8개
백오이 1/4개
나초칩 6개
통깨 1작은술
청포도 100g
소금 약간

## 만들기

1 냉동 참치는 짭쪼름한 소금물에 담가 둔다.

2 양파와 고수는 잘게 다져 준비한다.

3 백오이는 깨끗이 씻은 후 아주 얇게 슬라이스한 다음 소금 1/2 작은술을 넣고 5분간 절인다.

4 5분간 절인 오이는 손으로 물기를 꽉 짜고, 통깨는 손으로 으깨어 오이와 같이 무쳐서 준비해 둔다.

5 청포도는 녹즙기를 이용하여 즙을 낸다.

6 1/3 정도 해동된 참치는 키친타월로 물기를 제거하고, 3mm 크기의 주사위 모양으로 자른 후 양파, 고수, 참기름을 섞어서 소금간을 한다.

7 6을 틀에 담아 흐트러지지 않게 하여 여러 개를 준비한다.

8 나초칩에 참치를 얹고 그 위에 오이 무침을 살포시 얹는다.

9 마지막에 청포도즙을 주위에 뿌려주면 완성된다.

## 요리 & 디저트/와인

커피

단맛 ♥♥♡♡♡
신맛 ♥♥♥♡♡
쓴맛 ♥♥♥♡♡
바디 ♥♥♥♥♡

**추천 와인 : 빌라 마리아 소비뇽 블랑 말보로** (villa maria sauvignon blac marlborough)

이 와인은 뉴질랜드산으로, 말보로 지역의 소비뇽 블랑 100%로 만들어졌다. 클라우디 베이 소비뇽 블랑과 같은 지역 같은 품종이지만, 생산자의 노력과 노하우의 차이가 있어서인지 또다르게 느껴진다. 빌라 마리아 소비뇽 블랑은 굴과 마른 풀의 향, 과실 꽃의 향을 지니고 있다. 특히 이 제품은 전 세계 비평가들에게 극찬을 받았던 와인이다.

# 쇠고기 야채 볶음

### 재료 (2인분)

안심 100g
체리 토마토 3개
숙주 30g
간 마늘 1티스푼
청피망 1/4개
땅콩가루 1스푼
새송이 버섯 1개
쯔유 20ml
식용유, 참기름 1티스푼

쯔유는 일본에서 수입된 요리용 간장으로 대형 마트나 백화점에서 판매한다. 이것은 가다랭어포를 넣었기 때문에 깊은 맛이 나며 진한 간장이 아니라 희석된 간장 소스로 어느 요리에나 잘 어울린다.

### 만들기

1 안심, 청피망, 새송이버섯은 성냥개비 모양으로 5mm 정도 의 두께와 5cm 길이로 자른다.
2 체리 토마토는 반으로 잘라서 준비한다.
3 식용유를 프라이팬에 두르고 센 불에 고기와 마늘을 볶는다.
4 3에 야채를 넣고 볶다가 쯔유를 넣어 간하며 볶는다.
5 마지막으로 참기름을 넣어 마무리한다.
6 접시에 음식을 담고 땅콩가루를 골고루 뿌려주면 완성된다.

쯔유

## Cooking Note

• 숙주는 뜨거운 국물요리와 볶음요리에 사용되는데 녹두의 싹인 숙주는 다이어트 식단과 동물성 단백 질류에 잘 어울리는 식재료이다.

 플러스

이 음식은 쇠고기의 단백질, 야채의 비타민, 탄수화물과 무기질 등 영양을 고루 갖추고 있다. 땅콩의 식 물성 단백질은 쇠고기의 동물성 단백질의 콜레스테롤을 저하시켜 주는 역할을 한다.

# 모시조개 볶음

## 재료 (2인분)

모시조개 300g
정종 200mL
바질 5잎
대파 흰부분 1줄기
표고버섯 1개
숙주 30g
고추기름 20mL
간 마늘 1작은술
양상추 6장
된장 100g
굴소스 1큰술
소금, 후춧가루 약간씩

## 만들기

1 조개류는 무게에 비례하여 물을 두 배로 붓고 소금간을 짭짤하게 한 다음 쇠부치를 넣어 1시간 정도 어둡고 서늘한 곳에서 해감을 한다.

2 양상추는 한입 크기로 자른 다음 흐르는 물에 씻어 물기를 털어 준비한다.

3 대파 흰부분과 표고버섯은 1cm 크기의 주사위 모양으로 잘라 섞어서 준비한다.

4 냄비에 정종을 붓고 센불로 끓여 알코올을 날리고 절반으로 줄어들면 된장을 부어 잘 섞은 후 체에 걸러 미소 소스를 만든다.

5 해감된 모시조개는 흐르는 물에 씻고 냄비에 물을 부어 끓여서 입이 벌어지면 건져낸 다음 식혀 살만 발라 낸다.

6 프라이팬에 고추기름을 두르고 간 마늘과 조개살, 대파, 표고버섯을 넣고 소금, 후춧가루로 간을 한 후 굴소스를 넣어 볶는다.

7 볶다가 바질을 찢어서 넣고, 숙주를 넣어 숙주가 숨이 살짝 죽을 때 접시에 담아 낸다.

8 양상추에 7과 미소 소스를 올리면 완성된다.

## 요리 & 디저트/와인

베이글

단맛 ♥♡♡♡♡
신맛 ♥♥♥♡♡
쓴맛 ♥♥♥♥♥
바디 ♥♥♥♥♡

**추천 와인 : 로버트 몬다비 나파 밸리 샤르도네** (robert mondavi napa vally chardonnay)

이 와인은 미국 캘리포니아산이며, 나파 밸리에서 생산되고 있다. 옅은 황금색을 띠고 있으며, 열대과일, 배, 사과, 감귤 맛을 미세하게 지녔으며, 바닐라, 버터, 토스트향의 아로마가 일품이다. 잘 익은 과일에서 나는 향이어서인지, 단맛과 신맛의 조화와 바디감이 돋보인다.

# 구운 채소와 훈제연어

### 재료 (2인분)

새송이 1개
주키니 호박 1/4개
적양파 1/4개
양상추 40g
훈제연어 200g
믹스허브(딜, 바질, 오레가노) 1작은술
홀스래디시 1큰술
플레인 요거트 1개
꿀 1큰술

### 만들기

1 새송이는 길게 4등분하고, 가지와 주키니 호박은 타원형으로 5mm 두께로 슬라이스하여 4장을 만든다.

2 적양파도 5mm 두께로 슬라이스하여 4장을 만든다.

3 허브류는 잘게 채썰어 섞어서 믹스허브를 준비한다.

4 홀스래디시, 꿀, 플레인 요거트는 섞어서 소스를 준비한다.

5 양상추는 잘게 채썰어 차가운 물에 담근 뒤 건져낸 후 물기를 털어 낸다.

6 훈제연어는 두께 1cm, 가로 3cm, 세로 7cm 직사각형이 되도록 자른 후 믹스허브를 뿌린다.

7 잘라놓은 연어와 주키니 호박, 적양파, 새송이를 그릴에 구워 식힌다.

8 하나는 적양파, 새송이, 연어, 양상추 채 순으로 쌓고, 다른 하나는 주키니, 새송이, 연어, 양상추 채 순으로 쌓는다.

9 그렇게 샌드위치처럼 여러 개를 만든 후 준비한 소스를 위에서부터 뿌려준다.

**요리 &
디저트/와인**

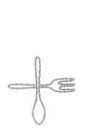

채소 샐러드

단맛 ♥♡♡♡♡
신맛 ♥♥♥♡♡
쓴맛 ♥♥♥♡♡
바디 ♥♥♡♡♡

**추천 와인 : 무똥 까데 (mouton cadet)**

이 와인은 프랑스산이며, 프랑스 보르도에서 생산되어 세미용, 소비뇽 블랑, 무스까텔 품종으로 블렌딩되어 만들어졌다. 자주빛의 엷은 루비색을 띠고 있으며, 아카시아, 복숭아, 감귤의 아로마 향이 감돈다. 헤이즐넛의 마무리 부케는 정신을 맑게 해 주는 신선함과 드라이함, 또한 생생한 산도를 가지고 있어서 깔끔함이 돋보인다.

# 와인에 얽힌 이야기

### 모에 샹동 브릿 엥페리얼

2007년 마케팅의 성공으로 모에 샹동은 한국 샴페인 점유율 70%를 차지하며 가장 많이 팔리게 되었다. 사실은 굉장히 큰 규모의 회사가 뒷받침된 마케팅이었다. 정식 명칭이 LVMH라는 회사이다.

루이비통 모에 헤네시라는 글로벌 기업이다. PPL 마케팅, 즉 드라마나 영화 속에 등장하여 간접적으로 마케팅을 하였고, 트렌드 세터 파티를 집중 공략하며 성공한 글로벌 기업의 마케팅이 있었다.

### 루이 자도 샤블리

루이 자도하면 그리스 신화의 디오니스, 즉 로마 신화 술의 신 '바쿠스'의 두상이 레이블에 멋들어지게 새겨져 있다. 부르고뉴 지방에서 가장 넓은 포도밭을 가지고 있는 대표 와이너리로 다섯손가락 안에 뽑힐 정도로 전통과 실력을 겸비한 와이너리이다.

### 뵈브 끌리꼬 뽕사르당

뵈브 끌리꼬 뽕사르당은 젊은 나이에 미망인이 된 바르브 니꼴 뽕사르당이 시댁 사업을 물려받게 되었다. 자신의 처녀 때의 성인 뽕사르당과 미망인이란 뜻의 뵈브 끌리꼬를 덧붙여 출시한 샴페인이다. 이 샴페인 또한 글로벌 기업 모에 헤네시사에서 판매해서 그런지 명품 이미지이고 실제로 트렌디한 와인이기도 하다.

### 베라짜노 키안티 클라시코

지오반니 디 베라짜노는 신대륙을 탐험하여 1524년에 뉴욕을 발견하게 되었는데 이 사람을 기리기 위해 뉴욕에 베라짜노 다리가 생기게 되었다. 또한 이 포도원은 키안티에서 가장 오래된 포도원이고 Verra+Zzano는 멧돼지가 많은 지역을 의미하고 있다.

### 카시제로 델 디아블로

이 와인은 '악마의 창고' 라는 무서운 뜻을 지니고 있지만, 사실은 유머러스한 이야기가 와인의 이름으로 선택되는 영광을 누리게 된 것이다. 100여년 전 이탈리아 어느 와인 저장고에서 자꾸 와인이 분실되자 주인이 이유를 알아내려고 보초를 선 결과 집에서 일하는 인부들이 훔쳐갔던 것이다. 주인은 밤에 저장고에 있다가 귀신소리를 내어 도난 방지 시스템을 이뤄 내는 쾌거를 얻었고 그 때부터 인부들로 인해 악마의 창고란 말을 듣게 된 것이다.

### 샤또 딸보

샤또 딸보는 와인에 대해서 지식이 있는 사람은 거의 다 아는 프리미엄급 와인이다. 백년 전쟁 당시 프랑스와 영국 중 프랑스가 우세했지만 영국의 털보트 장군을 공포의 대상으로 여겨 장군을 전사시키고도 그를 기리기 위해서 프랑스에서 와인을 만들었다는 유래를 갖고 있다. 또한 2002년 월드컵 당시 히딩크 감독이 16강전부터 상대국을 이길 때마다 샤또 딸보를 마셨다는 일화로 더 유명해진 와인이다.

### 니포짜노 리제르바 키안티 루피나

프레스코발디는 700여 년 역사를 가진 대대손손 장인정신을 이어받은 명품 와이너리로, 니포짜노는 프레스코발디사에서 생산된 와인이다. 또한 2002년에는 이탈리아의 와인 역사에 남을 불운의 해였다고 한다. 10월달 포도 수확기에 2주 넘게 계속 내린 비로 인해 좋은 품질의 포도를 수확하지 못했다고 한다. 그래서 윗 등급의 와인인 몬테소디는 거의 생산하지 못하였고 나머지 포도로 시험단계에 있던 니포짜노를 만드는데 총력을 기울였다고 한다. 그 결과 대성공을 거두어 오늘날 소비자에게 많은 사랑을 받고 있는 니포짜노가 탄생하게 된 것이다. 'Ni : 없다, Pozzano : 우물' 이라는 뜻으로 니포짜노가 생산된 루피나 지역은 물이 없는 척박한 땅이라고 한다.

# 미니 니즈와즈

재 료 (2인분)

양상추 30g

로메인 레터스 50g

달걀 1개

감자 1/2개

방울토마토 2개

냉동 블록 참치 50g

파마산 치즈 1스푼

엔초비 4장

레몬 1/4개

엑스트라 버진 올리브
오일 20mL

**니즈와즈**

프랑스 니스 지방에서 유
래된 샐러드를 말한다.

## 만들기

1 냉동 참치는 짭쪼름한 소금물에 담근 후 1/3이 녹으면 3mm 두께로 슬라이스하여 준비한다.

2 감자는 껍질을 까서 반달 모양으로 잘라 끓는 물에 삶아서 식혀 놓는다.

3 냄비에 물을 부어 달걀을 넣고 물이 끓으면 12분간 완숙으로 삶아 식힌 뒤 4등분하여 자른다.

4 양상추는 한입 크기로 자르고, 로메인 레터스와 함께 얼음물에 담가 싱싱하게 한 후 체에 밭쳐 물기를 뺀다.

5 방울토마토는 절반씩 잘라 놓는다.

6 믹싱볼에 채소와 감자, 레몬즙과 엑스트라 버진 올리브 오일을 넣고 파마산 치즈가루를 넣어 살살 섞어서 비벼준다.

7 작은 그릇에 6과 방울토마토, 달걀 자른 것을 넣는다.

8 그 위에 참치와 엔초비를 손으로 으깨서 놓으면 완성된다.

## 요리 & 디저트/와인

생과일주스

단맛 ♥♥♥♡♡

신맛 ♥♥♥♡♡

쓴맛 ♥♡♡♡♡

바디 ♥♥♡♡♡

**추천 와인 : 베린저 화이트 진판델** (beringer white zinfandel)

이 와인은 미국산으로, 캘리포니아 주의 진판델 100%로 만들어졌다. 흐린 루비 컬러의 붉은 빛깔을 띠고 있으며, 여러 가지 과일의 아로마향을 지니고 있다. 적절한 신맛과 단맛을 함께 느낄 수 있으며, 여운은 길지 않으나 스파클링과 다른 톡톡 튀는 듯한 느낌을 준다.

 **플러스**

니즈와즈란 프랑스 니스 지방 사람들이 즐겨 먹는 샐러드로, '니스에서 만들어진 조리방식'을 뜻하는 말이다.

# 게살 컵케이크

### 재료 (1인분)

춘권피 2장
게살(크래미) 100g
양파 1/4개
셀러리 1/2줄기
플레인 요거트 1스푼
레몬즙 2작은술
꿀 1작은술
바질 2장
오렌지 1/4개
애플민트 2잎
식용유 500mL

국자로 춘권피 모양 만들기

### 만들기

1 게살(크래미)은 물기를 손으로 꼭 짜서 볼에 담아 놓는다.

2 셀러리는 감자칼로 섬유질을 벗긴 후 양파와 함께 잘게 다지고, 바질은 채썰어서 준비한다.

3 게살 담은 볼에 다진 채소와 플레인 요거트, 꿀, 레몬즙을 잘 섞는다.

4 오렌지는 껍질을 벗긴 후 과육만 남긴다.

5 냄비에 식용유를 넣고 170℃로 맞춰 준비한다. 스테인리스 국자 6온즈에 춘권피를 놓고 4온즈 국자로 겹쳐서 컵 모양으로 눌러가며 튀긴다.

6 튀겨진 춘권피는 키친타월에 엎어 놓고 기름기를 빼며 식힌다.

7 식은 춘권피가 쓰러지지 않도록 컵에 받치고 3의 비벼놓은 게살을 담는다.

8 마지막으로 오렌지를 올리고 애플민트로 장식한다.

## 요리 & 디저트/와인

바게트빵

단맛 ♥♥♥♥♡
신맛 ♥♥♥♥♡♡
쓴맛 ♥♡♡♡♡
바디 ♥♥♡♡♡

**추천 와인 : 브라이다 브라케토 다퀴** (brida brachetto d'acqui)

이 와인은 이탈리아산이며, 아퀴 지역에서 만든 브라케토 품종 100%로 만들어졌다. 밝은 핑크색의 장미빛을 띠고 있으며, 딸기를 곁들인 꽃향기 가득한 아로마가 코 전체를 황홀하게 마비시킨다. 여느 스파클링과 달리 잘게 부서지는 기포가 특징이다.

# 버섯 스테이크

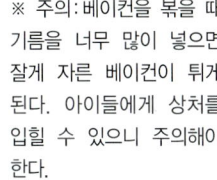
**재료** (2인분)

베이컨 1장
표고버섯 1개
양파 1/4개
느타리버섯 5줄기
팽이버섯 1봉지
계란 흰자 1개
빵가루 50g
에멘탈 치즈(30g) 1장
엑스트라 버진 올리브
오일 2스푼
실파 약간

※ 주의 : 베이컨을 볶을 때
기름을 너무 많이 넣으면
잘게 자른 베이컨이 튀게
된다. 아이들에게 상처를
입힐 수 있으니 주의해야
한다.

**만들기**

1  베이컨을 잘게 잘라 프라이팬에 볶은 후 기름을 제거한다.

2  프라이팬에 엑스트라 버진 올리브 오일을 두르고 잘게 자른
   버섯류와 양파를 소금으로 간하여 볶은 다음 체에 받쳐 식
   힌다.

3  계란 흰자와 **1, 2**를 빵가루에 섞은 뒤 단단하게 모양을 잡아
   냉장고에 30분 정도 보관한다.

4  에멘탈 치즈는 얇게 자른다.

5  프라이팬을 중간 불로 가열한 뒤 식용유를 두르고 **3**을 앞,
   뒤로 노릇하게 굽는다.

6  **5**에 에멘탈 치즈를 살짝 얹고 실파를 뿌려 완성한다.

에멘탈
치즈

 **Cooking Note**

• 스테이크를 만들 때 뚜껑에 비닐이나 랩 등을 놓고 내용물을 넣어 손
  으로 꾹꾹 눌러 모양을 잡으면 구울 때 잘 부서지지 않는다.

**플러스**

숙성 기간이 4~16개월 정도의 에멘탈 치즈는 본 고향이 스위스로 고단백 고칼로리 식품이다. 담백하고
고소하여 누구나 접할 수 있는 대중적인 치즈로 각광받고 있다.

# 초콜릿 퐁듀

### 재료 (2인분)

초콜릿 100g
딸기 3개
바나나 1개
메론 1/8개
오렌지 1/2개
젖은 빵가루 200g
엑스트라 버진 올리브
오일 20mL
다진 타임(허브) 2작은술

### 만들기

1 타임(허브)은 이파리만 뜯어서 다진다.

2 올리브 오일을 프라이팬에 두르고 빵가루와 타임을 넣고 중불에 갈색으로 볶아 식힌 후 허브 크러스트를 만든다.

3 바나나는 껍질을 벗겨서 손가락 두 마디 크기로 자르고, 딸기는 씻어서 물기를 제거한다.

4 메론은 과육을 3등분하여 준비한다.

5 오렌지는 껍질을 제거하고 안에 과육만 파내어 준비한다.

6 조그만 볼에 초콜릿을 잘게 부수어 넣고, 중탕하여 초콜릿을 녹인다.

7 녹인 초콜릿을 각각의 과일에 2/3 정도만 입히고 준비해 둔 허브 크러스트를 초콜릿이 굳기 전에 입혀 완성한다.

## 요리 & 디저트/와인

커 피

| | 단맛 ♥♥♥♥♥ |
| --- | --- |
| | 신맛 ♥♥♥♡♡ |
| | 쓴맛 ♥♡♡♡♡ |
| | 바디 ♥♡♡♡♡ |

**추천 와인 : 블루 넌 아이스 바인 (blue nun eise wein)**

이 와인은 독일산으로, 엷은 호박색을 띠고 있다. 야생의 꿀, 오렌지맛, 구운 버터와 호두향을 지니고 있다. 아이스 와인은 독일이 가장 유명한데 원래는 아이스 바인(eise wein)이라 부르며, 레이트 하베스트보다 더 늦게 포도를 수확하여 귀하고 비싸다. 비싼 아이스 바인 중에서는 한 그루의 포도나무에서 와인 한 병만 수확하는 것도 있다. 또한 금가루가 들어가 있는 아이스 바인도 있다.

# 컴포트 허니 브레드

## 재료 (1인분)

샌드위치빵 2장
버터 20g
다진 파슬리 1작은술
계핏가루 1/2작은술
배 1/4개
건포도 50g
오렌지 1/2개
잣 30g
레드와인 50mL
꿀 2큰술

### 컴포트

건과일, 과일류, 견과류, 젤리류 등을 와인과 꿀, 설탕 등을 넣어 졸인 요리이다.

## 만들기

1 파슬리는 흐르는 물에 씻은 후 물기를 털어 내고 칼로 잘게 다져 준비한다.

2 샌드위치빵에 버터를 바른 다음 계핏가루를 뿌리고 파슬리를 뿌려 준비한다.

3 오렌지는 껍질을 벗겨 과육만 1cm 주사위 크기로 자른다. 배도 동일하게 자른다.

4 프라이팬에 잣과 건포도, 레드와인을 넣고 볶듯이 졸인다.

5 **4**의 레드와인이 1/2로 졸여지면 배와 오렌지를 넣고 (뭉게지지 않게) 섞는다.

6 마지막으로 꿀을 넣고 휘휘 저은 후 접시에 덜어서 식힌다.

7 예열된 토스터(오븐)에 연한 갈색이 나도록 샌드위치빵을 굽는다.

8 구운 샌드위치빵을 십자 모양으로 잘라 4등분한 다음 그 위에 컴포트를 올려 완성한다.

## 요리 & 디저트/와인

과일 에이드

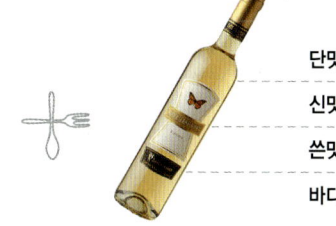

단맛 ♥♥♥♥♥
신맛 ♥♥♥♡♡
쓴맛 ♥♡♡♡♡
바디 ♥♡♡♡♡

**추천 와인 : 산 페드로 레이트 하베스트** (san pedro late harvest)

이 와인은 칠레산으로, 지푸라기 색을 띠고 있다. 와인에 꿀을 탄 것 같은 달콤한 맛과 모과, 열대 과일 맛이 진하게 배어 있다. 산페드로사의 레이트 하베스트는 우리나라에서 유명한 칠레 와인 1865를 만든 회사이다. 레이트 하베스트란 말 그대로 일반 포도와 달리 늦게 수확한 것을 말한다.

# 아스파라거스와 계피향의 사과

## 재료 (1인분)

아스파라거스 2개
사과 1/2개
건포도 30알
계핏가루 2작은술
잣 1작은술
물 600mL
설탕 40g
소금 1작은술

## 만들기

1 아스파라거스는 필러(감자칼)를 이용하여 껍질 섬유질을 벗긴다.

2 냄비에 물 500mL를 붓고 소금간을 한 후 물이 끓으면 아스파라거스를 넣고 30초간 삶아 건져낸 후 얼음물에 담가 식혀 준비한다.

3 사과는 씻어 껍질을 벗긴 후 4등분하여 씨를 잘라 내고 5mm 두께로 슬라이스한다.

4 냄비에 물 100mL를 붓고 설탕과 계핏가루를 넣은 후 설탕이 녹을 때까지 저어가며 끓인다.

5 끓인 설탕물에 사과와 건포도를 넣고 2분간 끓인 다음 차갑게 식힌다.

6 차갑게 식힌 사과를 예쁘게 접시에 담고 그 위에 아스파라거스를 올린다.

7 마지막으로 잣과 건포도로 장식한다.

## 요리 & 디저트/와인

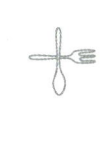

수정과

단맛 ♥♥♥♥♥
신맛 ♥♥♡♡♡
쓴맛 ♡♡♡♡♡
바디 ♥♡♡♡♡

### 추천 와인 : 로얄 토카이 (Royal Tocaji)

이 와인은 헝가리산으로, 황금과 비슷한 색깔을 띠고 있으며, 오렌지와 캐러멜, 바닐라 맛의 여운이 남는다. 프랑스의 루이 14세가 와인 중에서 최고의 와인이란 찬사를 아끼지 않을 정도로 토카이는 오랜 역사를 지닌 와인이지만, 헝가리가 공산화되면서 토카이 지역뿐 아니라 전 지역의 와인 산업이 사라질 위기에 놓이게 되었다. 그러나 공산화가 무너지면서 다시 재현되고 있다. 토카이의 종류에는 여러 가지가 있다.

# 저자가 뽑은
# Wine Best 10

## 1 샤또 피지악(Chateau Figeac) 2004

샤또 피지악은 와인 애호가라면 누구나 알 수 있는 유명한 와인이다. 이십만 원 미만의 와인이지만 어지간한 수십만 원짜리보다 더 평이 좋은 와인이다. 몇 백만 원짜리 특급와인은 제외하고서 나의 셀렉션 넘버원, 샤또 피지악은 마치 피를 마시는 듯하다.

표현이 과격하지만 그 느낌은 두유보다 더 실키하고 진한 느낌이라 대개 음식에 와인을 맞추지만 이 와인은 음식을 맞춰야 할 만큼 특별하다.

## 2 샤또 샤스 스플린(Chateau Chasse Spleen) 2003

샤또 샤스 스플린은 '슬픔이여 안녕'이란 뜻을 가진 고급 와인이다.

해산물류는 화이트 와인이란 편견을 깨고 이 와인은 전복, 해삼과 멋들어진 조화를 이뤄낼 수 있는 와인이다. 이 와인을 글라스에 따르면 퍼플 컬러의 화려한 아로마가 이름과 달리 강렬하며, 굉장히 관능적인 모습으로 바뀌는데 이 와인의 진한 음색을 눈과 귀와 혀로 꼭 느껴 보길 바란다.

## 3 바로네 리카솔리 키안티 클라시코 리제르바
(Barone Ricasoli Chianti Classico Riserva) 2001

바로네 리카솔리는 이전에 마셨던 이탈리아 와인 중에 이만큼 나를 흡입한 것은 없었다. 여의도 어느 와인 바에서 지인 소믈리에가 추천했던 와인으로 15층 한강 야경과 환상의 궁합이었다. 키안티 클라시코 중에 이렇게 판타스틱했던 적은 사실 없었다. 오픈하자마자 들이닥치는 아로마…. 내가 봤던 도심의 야경처럼 깊은 탄닌과 부드러운 풀바디의 짙은 산지오베제가 도심의 수많은 조명들 속에 함께 피어나고 있었다.

## 4 샤또 브란 깡트낙(Chateau brane cantenac) 2004

샤또 브란 깡트낙은 마고 지역의 2등급 와인이나. 말만 들어도 가슴빅찬 와인임에는 분명하다. 이 와인을 마시다 보면 와인 만드는 일꾼들의 노고가 느껴진다. 좋은 와인 한 병을 생산하기 위해 수많은 땀방울, 자연의 햇볕과 바람, 비, 대지의 조화로움이 인간과 더불어 작품으로 탄생되는 과정이 맛으로 느껴지는 듯하다.

## 5 알마비바(Almarviva) 2001

알마비바는 그 어떤 형용사도 필요없다. 칠레 와인 중에서 최고이다. 이 와인에는 희노애락이 스며 있다. 나의 요리사란 직업에 희망과 열정, 일에 대한 사랑, 성공에 대한 강한 자신감을 심어주는 그런 와인이다. 알마비바는 빈티지 2001년이 가장 좋다.

## 6 샤또 라세귀(Chateau lassegue) 1997

샤또 라세귀 빈티지 1997은 구하기가 쉽지 않다. 사실 친구 생일날 와인숍에서 내가 원하는 와인이 없어서 대타로 사 가지고 간 와인인데, 흑색 과일향의 묵직함과 강력한 스파이시 부케를 뒷받침하는 부드러운 끝맛을 지금도 잊을 수 없다. 이 와인은 내 기억에 오래 남고 싶어하는 듯 입 안에서 머물러 있었다. 내 나이가 환갑을 넘어 삶이 안정되면 이 와인과 노후를 함께하고 싶다.

## 7 루이 막스 뿌이 퓌세(샤르도네)
## (Louis max poilly fuisse(chardonnay)) 2004

구름 한 점 없는 초가을의 하늘을 닮은 루이 막스 뿌이 퓌세는 이름 값을 톡톡히 한다. '미녀는 괴로워'에서 잠깐 출연한 뒤 몸값이 더 올라갔는지는 알 수 없지만 꽤 비싼 와인이다.(빈티지마다 꽤 차이가 난다.) 뭐랄까 함부로 접근할 수 없을 만큼 청초해 보여서 보고만 있어도 사랑에 빠질 것 같은 느낌이다. 거기에 부드럽게 삶아낸 생합과 함께하면 상상만 해도 행복하다.

## 8 브라이다 브라케토 다퀴(Brida brachetto dacqui) 2006

이 와인을 마셔본 사람은 알겠지만 시원하게 부서지는 폭포수를 마시는 느낌이다. 상큼한 분홍 색깔과 달리 힘이 넘치고 부드러운 단맛과 신선한 거품으로 가득한 로제 와인이다. 이 와인이 여성스런 이미지여서 그런지 스트레스 받는 날, 심신이 피곤한 날에 애인과 함께 마시면 나를 괴롭히는 모든 것들이 사라질 것만 같다. 이 와인 한 잔이 좋은 추억으로 이끌어 줄 것이다.

## *9* 샤또 딸보(Chateau talbot) 2003

샤또 딸보는 와인 애호가라면 한번쯤은 들어보고 마셔 보았을 것이다. 또한 적지 않은 금액이기도 하다. 그만큼 값어치를 하는 풀바디의 와인이다.

유래 또한 설명했지만 우리나라 군대를 비교하자면 해병대처럼 씩씩한 와인이다. 스파이시의 강력함과 타닌의 묵직함은 절묘한 작전을 훌륭하게 성공하고 돌아온 잘 정비된 군인과 같다. 블랙 과실향과 타닌의 향은 마치 군인들의 땀 냄새를 연상케 한다.

## *10* 코폴라 레드 라벨 다이몬드 시리즈 진판델
### (Coppola diamond series red label zinfandel) 2001

'대부', '시옥의 묵시록' 으로 유명한 프렌시스 고폴리 감독의 와이너리인 다이몬드 시리즈 레드 라벨 진판델은 스테이크의 붉은 과일 소스와 같은 느낌이다. 와인의 색상은 붉은색 비단을 닮았다. 옛날 황실의 경호대장과 같은 느낌이랄까 붉은색 라벨에 금색 문장만 봐도 그 파워풀한 바디의 느낌이 느껴진다.

# 에필로그

　귀로는 mp3를 통해 바다의 파도 소리를, 코로는 허브향의 내음을, 눈으로는 음식의 형형색색을…, 외국의 유명 레스토랑에서는 손님에게 음식의 맛을 최대한 끌어올리기 위한 방법으로 이런 서비스를 제공하고 있다.

　현 시대의 음식은 아름다움을 보면서 맛을 느끼는 것만으로 손님에게 감동을 줄 수 없기 때문에, 유명한 레스토랑은 다양한 음식 기법으로 손님의 오감을 자극하고 있다. 감히 어느 누가 손님에게 해산물 요리를 대접하기 전에 자연의 소리를 mp3를 통해 들려주는 서비스와 음식을 먹기 전에 허브 향의 내음을 깊이 맡고서 스테이크를 맛보는 독특한 발상을 할 수 있단 말인가. 하지만 이런 생각은 요리 연구를 하는 사람만이 취할 수 있는 아이디어가 아닌가 싶다.

　귀로 자연의 소리를 들음과 동시에 음식을 맛보면 훨씬 낭만적이고 신선한 느낌을 준다. 이런 독특한 방식의 요리는 천재적인 셰프들의 굉장한 집념과 열정으로 인한 브레인 스톰으로 이루어진 것이다.

　스페인에 있는 세계 최고의 레스토랑 셰프 페란 안드레아가 주도하는 엘 불리는 그 셰프만의 집념이 엿보이는 분자 요리를 탄생시켜 수백 억의 가치를 레스토랑에 부여했고, 또한 스스로의 브랜드를 정착시키며 세계의 음식에 굉장한 나비 효과를 일으켰다. 자신의 일에 관한 집념과 열정, 집중력으로 사회 기여에 이바지한 수많은 셰프들에게 머리 조아려 존경의 인사를 표하고 싶다.

　음식에서 빠질 수 없는 것이 술인데 이 책에서 소개한 와인과 어울리는 음식에 대한 마리아주(궁합)는 매우 중요하다. 나 또한 와인과 어울리는 음식 마리아주에 대한 책을 만들면서 아이디어를 내기 위해 무던히 노력하였는데 그것에 대한 평가는 독자들의 몫이라 생각한다. 항상 부족해 보이는 나의 책이 다시 세상에 나오는 것이 부끄럽지만 독자들께서 넓은 아량으로 봐 주시길 바란다.

　부족한 나에게 기회를 주신 예신 사장님과 편집부 직원, 포토그래퍼 성병우 실장님, 그리고 항상 응원해 주는 멘토 파트너 김지림 씨와 이주미 누나, 윤효영 사장님, 김강홍 회장님 내외분, A.F 에이전시 맨들에게 감사의 말을 전한다.

　마지막으로 나의 음식이 현재 운영 중인 단아 레스토랑과 잘 어울리길 바라고 레스토랑에 오시는 손님이 음식과 서비스에 감동을 받는 즐거운 상상을 하며 이 글을 마친다.

# Index

여자의 입맛

# 요리하는 남자

2015년 8월 20일  인쇄
2015년 8월 25일  발행

저자 : 안충훈
펴낸이 : 남상호

펴낸곳 : 도서출판 예신
www.yesin.co.kr

(우) 04317 서울시 용산구 효창원로 64길 6
대표전화 : 704-4233 팩스 : 335-1986
등록번호 : 제3-01365호(2002.4.18)

**값 12,000원**

ISBN : 978-89-5649-120-2